AutoCAD 2012 机械绘图实用教程

主 编 赵松涛

北京理工大学出版社
BEIJING INSTITUTE OF TECHNOLOGY PRESS

内 容 简 介

本书以 AutoCAD 2012 简体中文版为基础，系统地介绍了 AutoCAD 软件的基本操作及使用 Auto-CAD 软件绘制工程图样、三维图形的方法和提高绘图效率的实用技巧。全书以装备制造类高职人才培养为指导，使学生在掌握软件功能的同时，更注重培养学生灵活快捷地应用软件进行工程制图，更好地为工程技术工作服务。

本书的章节安排是按照机械零件的绘图顺序，由浅入深地介绍计算机绘图的基本技能与技巧，主要内容包括：AutoCAD 2012 应用基础，简单平面图形的绘制与编辑，复杂平面图形的绘制与编辑，制订样板文件及绘制工程图样，文字及尺寸标注，AutoCAD 2012 辅助功能，装配图绘制，轴测图绘制，文件输出与打印，三维建模。

本书可作为高等职业院校 AutoCAD 课程的教材，也可作为各类机械制图培训班的教材，亦可供企业工程技术人员参考。

图书在版编目（CIP）数据

AutoCAD 2012 机械绘图实用教程 /赵松涛主编. —北京：北京理工大学出版社，2021.1 重印

ISBN 978 -7 -5682 -2564 -9

Ⅰ.①A… Ⅱ.①赵… Ⅲ.①机械制图 -AutoCAD 软件 -教材 Ⅳ.①TH126

中国版本图书馆 CIP 数据核字（2016）第 173280 号

出版发行／北京理工大学出版社有限责任公司

社　　址／北京市海淀区中关村南大街 5 号

邮　　编／100081

电　　话／（010）68914775（总编室）

　　　　　（010）82562903（教材售后服务热线）

　　　　　（010）68948351（其他图书服务热线）

网　　址／http://www.bitpress.com.cn

经　　销／全国各地新华书店

印　　刷／三河市天利华印刷装订有限公司

开　　本／787 毫米×1092 毫米　1/16

印　　张／20

字　　数／463 千字

版　　次／2021 年 1 月第 1 版第 6 次印刷

定　　价／48.00 元

责任编辑／赵　岩

文案编辑／赵　岩

责任校对／周瑞红

责任印制／马振武

前　言

　　AutoCAD 软件作为知名的计算机辅助设计与制造软件，在中国有众多的用户，该软件广泛应用在机械、电子、建筑、航空航天、轻工、纺织等众多领域。对于装备制造业的从业人员，掌握该软件的使用是必须具备的基本技能之一。本书的编写正是基于这样的背景，以装备制造业高职大才培养作为目的，既注重理论讲解，更注重实际应用；既介绍基本功能，又能够引导学生进行自我提高，着重培养学生的自主学习能力。

　　全书内容丰富，系统性强，书中所用案例均与生产实践密切相关。作者多年从事机械类专业课程及 CAD/CAM 软件的教学工作，具有丰富的教学和应用经验，更好地做到了理论与实践相结合，软件应用与工程设计相结合，紧紧把握基础知识和实践技能"两条主线"的系统培养。

　　本书以 AutoCAD 2012 简体中文版为基础，以实例为线索，由浅入深，循序渐进，合理安排内容。全书章节内容如下：

　　第一章，介绍 AutoCAD 2012 的基本操作，主要包括移动、缩放、撤销、重做、文件管理等内容，使读者掌握软件的基本操作。

　　第二章，介绍简单平面图形的绘制与编辑，包括直线、圆弧等简单曲线的绘制，精确绘图工具的使用，修剪、延伸，倒角及倒圆角，镜像和偏移，复制和移动，旋转和缩放等常用的编辑操作。

　　第三章，介绍复杂平面图形的绘制与编辑，包括绘制正多边形和样条曲线，绘制椭圆和椭圆弧，绘制多段线和点，绘制构造线椭圆，图案填充与编辑，阵列图形对象，断开与合并，拉伸与分解等操作。

　　第四章，介绍制订样板文件及绘制工程图样，包括机械制图基础知识，图层设置与管理，文字样式设置及应用，绘制工程图标题栏，尺寸标注基础知识，尺寸标注样式设置，引线样式设置，绘制工程图图框，轴套类零件工程图样绘制，箱体类零件图样绘制等操作。

　　第五章，介绍文字及尺寸标注，包括尺寸标注，编辑尺寸标注，形位公差标注，引线标注，剖切符号应用，图块操作，属性图块，轴类零件图样标注，箱体类零件图样标注等操作。

　　第六章，介绍 AutoCAD 2012 辅助功能，包括查询功能、设计中心、工具选项板、帮助功能应用等辅助功能的使用。

　　第七章，介绍装配图绘制，包括装配图基础知识，绘制装配图的常用方法，标注尺寸与注写技术要求，编排零件序号与绘制明细栏，装配图绘制示例等操作。

　　第八章，介绍轴侧图绘制，包括轴测图基础知识，正等轴测图环境设置，绘制正等轴测图，正等轴测图的标注等操作。

　　第九章，介绍文件输出与打印，包括模型空间及图纸空间，创建新布局，页面设置及管理，打印输出等操作。

第十章，介绍三维建模，包括三维建模基础知识，三维建模环境设置，创建和编辑三维实体，布尔运算等操作。

全书由四川工程职业技术学院赵松涛副教授担任主编，负责全书的统稿，四川工程职业技术学院赵松涛编写了第一章和第四章；四川工程职业技术学院杨莉编写了第二章；四川工程职业技术学院梁军华编写了第三章；四川工程职业技术学院廖波编写了第五章和第六章；四川工程职业技术学院李小强编写了第八章；四川工程职业技术学院陶华编写了第七章；四川工程职业技术学院杨德辉编写了第九章和第十章；吉林工程职业学院石晨迪参与了第八章~第十章的编写工作。

由于编者水平有限，书中难免存在疏漏和不足，恳请同行和读者给予批评指正。

编　者

目　　录

第一章 AutoCAD 2012 应用基础

本章主要介绍 AutoCAD 2012 的工作界面和基本操作。

AutoCAD 是由美国 Autodesk 公司于 20 世纪 80 年代初为微机上应用计算机辅助设计（Computer Aided Design，CAD）技术而开发的绘图程序软件包，经过不断的完善，现已经成为国际上广为流行的计算机辅助设计工具。

AutoCAD 具有良好的用户界面，通过交互菜单或命令行方式便可以进行各种操作。它的多文档设计环境，使非计算机专业人员也能很快地学会使用，在不断实践的过程中更好地掌握它的各种应用和开发技巧，从而不断提高工作效率。

AutoCAD 具有广泛的适应性，它可以在各种操作系统支持的微型计算机和工作站上运行，并支持分辨率由 320×200 到 2 048×1 024 的各种图形显示设备 40 多种，以及数字仪和鼠标器 30 多种，绘图仪和打印机数十种，这就为 AutoCAD 的普及创造了条件。

AutoCAD 具有易于掌握、使用方便、体系结构开放等优点，能够绘制二维图形与三维图形、标注尺寸、渲染图形以及打印输出图纸，目前已广泛应用于机械、建筑、电子、航天、造船、石油化工、土木工程、冶金、地质、气象、纺织、轻工、商业等领域。

AutoCAD 软件于 20 世纪 90 年代被引入中国，一经进入，就以其强大的功能、友好的界面和良好的开放性获得了中国用户的青睐。同时，为更好地适应用户的需要，该软件目前每年都有新的版本问世，本书将以 AutoCAD 2012 为例进行讲解。

1.1 AutoCAD 2012 基本操作

1.1.1 AutoCAD 2012 用户界面

双击桌面的快捷图标 ▨ 可以启动 AutoCAD 2012。或者选择【开始】/【程序】/【Autodesk】/【AutoCAD 2012 – Simplified Chinese】/【AutoCAD 2012】，也可启动 AutoCAD 2012。软件启动后，直接进入"草图与注释"界面，选择"AutoCAD 经典"界面，进入经典界面后单击状态栏中的"栅格"按钮，关闭"栅格"模式。将"平滑网格"工具栏和"工具选项板"关闭，就进入了用户进行设计和绘图的经典界面，如图 1-1 所示。

AutoCAD 2012 的经典用户界面包括以下部分。

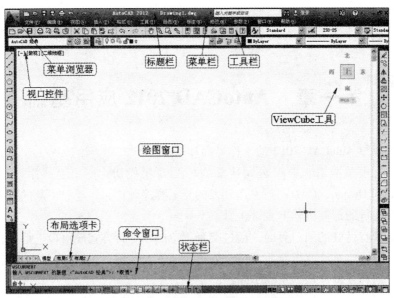

图 1 – 1　AutoCAD 2012 经典用户界面

1）标题栏

标题栏位于界面的最上方，显示了软件的名称与当前的文件名，标题栏左侧的"新建""打开""保存""放弃"和"打印"命令按钮用于管理和打印图形文件，标题栏右侧是最小化、还原和关闭按钮。

2）菜单浏览器

单击界面左上角的软件图标的下拉按钮，即可弹出菜单浏览器，如图 1 – 2 所示，利用菜单浏览器可以启动相应的命令，打开最近使用的图形文件。

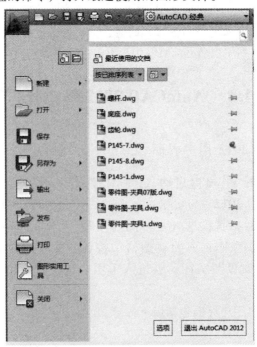

图 1 – 2　打开 AutoCAD 2012 菜单浏览器

3) 菜单栏

菜单栏位于标题栏下方，这里集中了软件所有的命令。标准菜单一共有 12 个，分别是【文件】、【编辑】、【视图】、【插入】、【格式】、【工具】、【绘图】、【标注】、【修改】、【参数】、【窗口】和【帮助】。如图 1-3 所示，用鼠标单击菜单按钮即可打开该菜单，从中可选择需要的命令。或者按键盘上的"Alt"键加各菜单名后对应的字母，也能打开该菜单。比如要打开【文件】菜单，可按"Alt + F"。

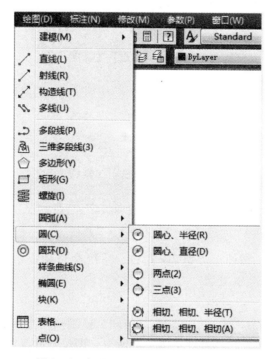

图 1-3　打开 AutoCAD 2012 下拉菜单

各菜单所包含的命令功能如下：

【文件】：文件的新建、打开、保存、关闭、打印等。

【编辑】：图形的复制、粘贴、撤销、重做、剪切等。

【视图】：调整图形的显示，如缩放、移动、视图更换等。

【插入】：用于插入块、插入图形、插入外部参照、其他格式的图形以及超级链接等。

【格式】：用于设置图形界限、图层、文字、表格、单位等图形格式。

【工具】：调用工具选项板、图纸集、设计中心等特殊工具。另外，还可调用查询功能。

【绘图】：调用绘制二维和三维图形的命令。

【标注】：调用对图形进行尺寸、文字注释的命令。

【修改】：调用对图形进行修改的命令，如修剪、移动、镜像、圆角、三维编辑等，可大大提高绘图的速度。

【参数】：对图形进行约束关系设置，如几何约束、自动约束、标注约束、动态约束等。其中常用的是几何约束，它包含了 12 种约束，几何约束是利用设置的几何关系确定几何要素之间的相对位置，当其中一个几何要素的位置发生变化时，其他几何要素的位置根据几何约束自动与其保持原来的几何关系，实现了几何图形的参数化设计。

【窗口】：控制软件中多个文件的显示特性。

【帮助】：获得软件的帮助信息，包括互联网上的帮助信息。

4）工具栏

工具栏是指将同一类命令集中放置，工具栏上每一个按钮对应一个命令，使用时只需用鼠标单击按钮就能激活对应的命令，使用比较方便，效率高于使用菜单激活命令。

AutoCAD 提供了 51 个工具栏，默认界面只显示其中的 8 个，包括【标准】、【图层】、【样式】、【特性】等，如图 1-4~图 1-7 所示。

图 1-4 【标准】工具栏

图 1-5 【图层】工具栏

图 1-6 【样式】工具栏

图 1-7 【特性】工具栏

将鼠标移动到工具栏按钮上停留 2 s 左右，系统会自动提示该按钮所对应的命令功能。

5）布局选项卡

AutoCAD 的工作空间分为模型空间和布局空间。模型空间指的是进行设计的工作空间，在这里设计人员按 1：1 的比例绘制二维或三维图形。图纸空间是指对模型空间中的视图进行管理、表现的空间。设计好的图形需要输出到实际图纸上，就需要我们根据图纸大小调整视图的比例，并加上边框、标题栏、注释文字等，最后打印出来，这些工作需要在图纸空间中进行。布局选项卡就是用于切换模型空间和图纸空间的。

6）命令窗口

命令窗口是 AutoCAD 跟设计人员进行交流的窗口，执行某个命令时，在命令窗口中会出现相应的提示，这也是 AutoCAD 软件跟其他同类软件相比最大的特色。如图 1-8 所示，当前执行的是绘制直线的命令，命令行提示以下信息：

指定第一点：

指定下一点或 ［放弃（U）］：

在执行其他命令时，也会有相应的提示。

```
命令：LINE
指定第一点：

指定下一点或 [放弃(U)]：
```

图 1-8 命令窗口

　　命令窗口默认宽度是 3 行，用户可根据自己的需要进行调整，但是宽度不能太小，也不能太大，太小了不能全部显示有用的信息，太大了又会占据绘图窗口的面积。当需要显示的内容较多时，可用"F2"键来打开文本窗口，如图 1 - 9 所示，再次按下"F2"键，文本窗口关闭。

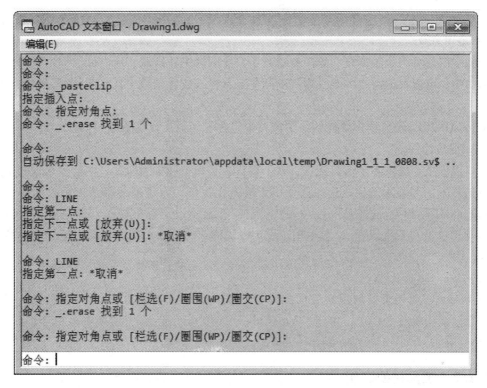

图 1 - 9　文本窗口

7）状态栏

　　状态栏用于控制某些辅助绘图功能的开或关。如图 1 - 10 所示，左侧是坐标区，右侧是辅助绘图工具。呈凹陷状态的【对象捕捉】、【线宽】、【正交】等按钮，表示该功能被选中；而呈凸起状态的其他按钮表示该功能未选中，可用鼠标单击相应的按钮进行切换，也可通过相应的功能键进行切换，如"F3"键控制【对象捕捉】功能的开关，"F7"键控制【栅格】功能的开关等。这些功能键请参考本书附录。

图 1 - 10　状态栏左侧

　　如图 1 - 11 所示，右侧的【模型】按钮用于切换模型空间和图纸空间；【快速查看布局】按钮用于快速查看布局；【快速查看图形】按钮用于快速查看已打开的所有图形，单击该按钮后已打开图形会在绘图区下方呈胶片状排列。将光标移到图形胶片左面或右面的箭头处，图形胶片便快速滑动，单击任意胶片中的图形，该图形便在绘图区显示出来。状态栏右边的【切换工作空间】按钮用于切换工作空间；【锁定/解锁】按钮用于锁定或解锁工作空间，【全屏显示】按钮用于控制打开/关闭全屏显示，打开此按钮，界面将全屏显示，并将所有工具栏全部隐藏，此时绘图区显示为最大，关闭此按钮，界面回到全屏显示前的状态。

图 1－11　状态栏右侧

8）绘图窗口

中间空白部分为绘图窗口。绘图窗口是用户绘图的工作区域，所有的绘图结果都反映在这个窗口中。可以根据需要关闭其周围的某些工具栏，或者调整工具栏的位置，以增大绘图空间。

AutoCAD 2012 经典用户界面的绘图窗口中包含了显示及观察图形的工具。

（1）视口控件。

视口控件主要提供多个视口配置，多个视口工具和布局中当前视口的显示选项的访问。

单击"－"号显示选项，这些选项用于最大化视口、创建多视口及控制绘图窗口右边的 ViewCube 工具和导航栏的显示；单击"俯视"，显示设定标准视图（如前视图、俯视图等）选项；单击"二维线框"，显示用于设定视觉样式的选项。视觉样式决定三维模型的显示方式。

（2）ViewCube 工具。

ViewCube 工具用于控制观察方向的可视化工具。单击或推动立方体的面、边、角点、周围文字及箭头等改变视点；单击"ViewCube"左上角图标 🏠，切换到西南等轴测视图；单击"ViewCube"下边的图标 WCS ▾ ，切换到其他坐标系。

1.1.2　工具栏的定制

工具栏是快速调用命令的一种重要方法，在绘图过程中使用很频繁。但是用户不可能将所有的工具栏都显示在界面上，这样即使将整个屏幕布满也显示不完。因此，要根据现阶段的使用需要来打开工具栏。

工具栏分为固定工具栏和浮动工具栏，如图 1－12 和图 1－13 所示。浮动工具栏具有名称。打开工具栏的方法是将鼠标移动到现有的固定工具栏上，单击右键，会出现图 1－14 所示的快捷菜单，选择要打开的工具栏名称即可打开。菜单中名称前带"√"符号的，表示该工具栏已经打开，如再次选中则会将之关闭。新打开的工具栏都是浮动工具栏，可以用鼠标左键进行拖动，放置到合适的位置，当移动到已有的固定工具栏处时，会自动调整为固定工具栏。同样，固定工具栏也可进行拖动，使之成为浮动工具栏。

图 1－12　固定工具栏

图 1－13　浮动工具栏

除此之外，还可以根据需要将某个命令放到指定的工具栏上。其做法是将鼠标移动到现有的固定工具栏上，单击右键，出现图 1 – 14 所示的快捷菜单后，选择最后一个选项"自定义"，会弹出图 1 – 15 所示的【自定义用户界面】对话框，找到需要添加的命令后，按住左键不放，将其拖动添加到某个工具栏上即可。

图 1 – 14　右键菜单　　　　　　　　图 1 – 15　【自定义用户界面】对话框

1.1.3　AutoCAD 2012 常用操作

在使用 AutoCAD 软件时，会经常用到一些基本的操作，这些操作对于快速绘制、修改图形非常重要，下面分别进行介绍。

1）工作空间的切换

AutoCAD 提供了"草图与注释""三维基础""三维建模"和"AutoCAD 经典"4 个工作空间。可通过菜单【工具】/【工作空间】来进行切换，也可通过【工作空间】工具栏右侧的下拉箭头进行切换，如图 1 – 16 和图 1 – 17 所示。不同的工作空间提供的快捷工具栏有所不同，背景显示也不一样，其目的是适应使用需要，让用户使用更加方便，提高绘图速度。同时需要注意这 4 个工作空间并没有明显的界限，在"草图与注释"和"AutoCAD 经典"空间中同样可以绘制三维模型。

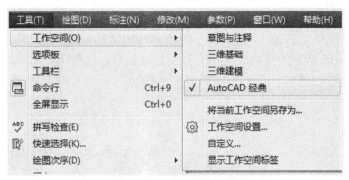

图 1 – 16 【工具】菜单

图 1 – 17 【工作空间】工具栏

2）图形对象的删除

删除图形对象的方法很多，常用的有以下几种：

● 选择菜单【编辑】/【清除】命令，然后选中要删除的对象，敲回车键或空格键。或者先选中要删除的对象，再选择【编辑】/【清除】命令也可。如图 1 – 18 所示。

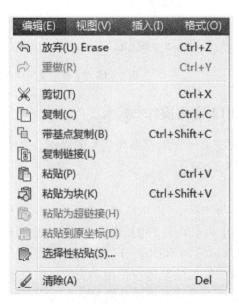

图 1 – 18 菜单选择【清除】

● 选择【编辑】工具栏上的【删除】按钮，再选中要删除的对象，敲回车键或空格键。或者先选中要删除的对象，再选择【编辑】工具栏上的【删除】按钮。

● 选中要删除的对象，单击鼠标右键，选择其中的【删除】命令。如图 1－19 所示。

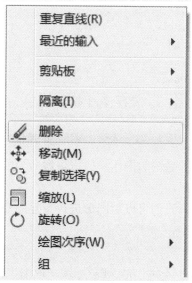

图 1－19　右键快捷菜单【删除】

● 选中要删除的对象，使用键盘上的"Delete"键。

在实际使用中可根据个人习惯选择删除方法，总的原则是方便、快捷。

3）撤销/重做

在绘图过程中，已经执行的操作有时需要撤销，其方法是选择菜单【编辑】/【放弃】命令，或单击【标准】工具栏上的【撤销】按钮，可取消上一步的操作，每单击一次撤销一步操作，如图 1－20 所示。另外，使用工具栏上的【撤销】命令时还可打开【撤销】按钮右侧的下拉箭头，选择需要撤销的步骤。如图 1－21 所示。

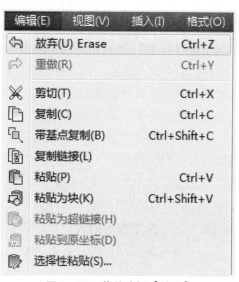

图 1－20　菜单选择【放弃】

图 1 - 21　选择【撤销】的操作

重做命令是指恢复撤销命令撤销的操作，执行重做命令前必须执行过撤销命令，其操作与撤销命令相同，这里不再赘述。

通过使用撤销和重做命令，我们可以对图形进行反复的修改，可大大避免因误操作造成的图形的丢失。

4）取消正在执行的操作

取消正在执行的操作可通过键盘上的"Esc"键来取消。

1.1.4　图形的显示与控制

在使用 AutoCAD 软件时，因为计算机屏幕的大小是有限的，我们可以根据需要对图形进行缩放、平移等操作，这样，可以对图形的细节进行观察、修改。

1）图形的缩放

图形的缩放是非常重要的操作，在绘图过程中为了清楚地观察图形的细节，往往要放大图形；为了能整体观察图形布局，又需要缩小图形。这里所说的缩小和放大并不是图形尺寸的变化，只是图形显示的缩小和放大。常用的缩放方法有以下几种：

● 实时缩放：单击【标准】工具栏上的【实时缩放】按钮 ![]，将鼠标移动到工作窗口后，按住左键，鼠标往上移动为放大，往下移动为缩小，此时缩放的中心点是绘图窗口的中心。

对于带滚轮的鼠标，不用单击【标准】工具栏上的【实时缩放】按钮，可直接将鼠标放置在绘图窗口，滚动鼠标滚轮，向上滚动为放大，向下滚动为缩小，但此时缩放的中心是鼠标所处的当前点，因此在使用这种方式进行缩放时，要根据需要随时调整鼠标所处位置，避免需要观察的图形在缩放过程中超出屏幕显示界面。

● 窗口缩放：使用实时缩放有时图形虽然放大了，但是需要观察、修改的部分可能已经超出了工作窗口的显示范围，不利于绘图。此时可使用窗口缩放解决该问题。其方法是单击【标准】工具栏上的【窗口缩放】按钮 ![]，再将鼠标移动到绘图窗口，在需要缩放的部位单击鼠标左键，并拖动鼠标，形成矩形的缩放窗口，调整该窗口覆盖需要放大的部位，再次单击鼠标左键，该矩形窗口放大至整个绘图窗口。如图 1 - 22 所示。

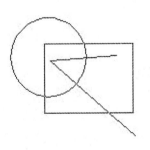

图 1 - 22　窗口缩放

● 恢复缩放：使用了缩放命令后，有时需要恢复到之前的显示状态，这时可选择【缩放】/【上一个】命令。其操作是直接单击【标准】工具栏上的【缩放】/【上一个】按钮，图形显示恢复到执行上一个缩放命令之前的状态。如果之前执行过多次缩放操作，还可继续单击该图标恢复以前的多次缩放。

除以上常用的缩放命令之外，如图 1-23 所示，在菜单【视图】/【缩放】选项中，还有其他的一些缩放命令，这其中比较常用的是以下两个：

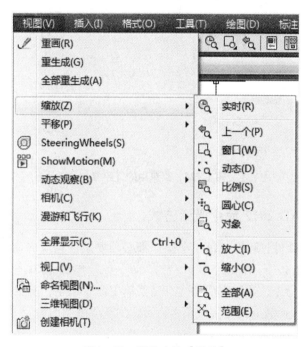

图 1-23　菜单中的【缩放】

全部缩放：按当前图形界限显示整个图形，如果图形超过了图形界限范围，则按当前图形的最大范围满屏幕显示。

范围缩放：按当前图形的最大范围满屏幕显示。

其余的缩放命令请用户自行学习。

2）图形的平移

绘图过程中有时需要将图形对象在屏幕上的位置进行移动，以便观察、修改。此时常用的命令是【实时】平移。其操作方法是单击【标准】工具栏上的【实时】平移按钮，再将鼠标移动到绘图窗口，此时鼠标显示为手掌的形状，按下左键不放，上下左右移动鼠标时即可将图形在屏幕上进行移动。此时的移动只是图形显示位置的移动，而图形本身在空间中的位置是没有变化的。

除此之外，还可以在菜单【视图】/【平移】选项中选择【实时】平移命令。如图 1-24 所示。除了实时平移外，此处还可以选择【定点（P）】以及左、右、上、下四个方向的平移，读者可自己操作。

图 1－24 菜单中的【平移】

1.1.5 AutoCAD 2012 命令激活方式

在使用 AutoCAD 软件过程中，每一个操作都必须要激活相应的命令才能执行，一般常用的激活命令的方式有以下几种：

• 从菜单中选择命令。这种方法的优点是菜单中命令最全，能找到所有的 AutoCAD 命令；缺点是选项太多，而且有的是多重菜单嵌套，对于不熟悉的命令寻找困难，会使绘图速度过慢。

• 在工具栏上单击相应命令对应的按钮。这种方法激活命令方便、快捷；缺点是某些命令工具栏需要定制，而且不能把所有的工具栏显示在界面上。

• 利用右键快捷菜单。在不同状态下单击右键，会出现不同的快捷命令，使用这些命令可提高绘图速度，如图 1－25 所示是在执行了【直线】命令绘制一条直线后单击右键出现的快捷菜单，这种方法的缺点是命令数量有限。

• 在命令行直接输入命令。这是 AutoCAD 最基本的命令激活方式，也是命令激活最快、绘图速度最高的方式。缺点是需要对命令进行记忆。

读者在使用过程中会发现，不管采用哪一种命令激活方式，在命令行都会出现该命令，也就是说，各种激活方式都等同于命令行输入，所以说键盘输入是最基本的方式。对于初学者来说可能更倾向于使用工具栏激活命令，但是高级用户往往更喜欢使用键盘输入命令，并结合右键快捷命令使用，因为这种方法速度最快，效率最高。因此推荐读者也尝试使用这种方法。在绘图过程中要把双手都利用起来，利用左手敲键盘，输入相应的命令，右手握鼠标，负责在绘图窗口选取相关的对象，同时配合使用右键快捷命令。开始时可能觉得不习惯，速度不高，习惯后读者会发现这是最快的方法。对于 AutoCAD 的命令，绝大部分都有简写，比如【直线】，完整的命令应该是"LINE"，但我们只需要输入简写"L"即可。AutoCAD 的命令及简写请参见本书附录。

图 1-25 右键快捷命令

1.2 图形文件的管理

1.2.1 文件的创建

跟常见的 Windows 应用程序相同，每次启动软件后 AutoCAD 都会以默认模板创建一个名为"Drawing1. dwg"的新文件，用户可直接在该文件中绘制图形，在执行保存命令时系统会提示输入文件名。

除此之外，用户还可以自己创建新的文件。

输入命令的方法有：

- 单击【标准】工具栏中的【新建】按钮 ☐ 。

- 单击菜单栏中的【文件】/【新建】命令。

- 命令行输入：new ✓。

执行命令后，弹出如图 1-26 所示的【选择样板】对话框，在该对话框中为新文件选择一个样板，再单击【打开】按钮，软件创建一个新的文件。这里的样板文件指的是创建新文件的基础文件，样板文件原有的设置会直接应用在新文件中。通用的样板文件为"acd-iso. dwt"，它以 ISO 标准作为默认设置。用户也可以自己创建样板文件，具体方法请见1.2.3 节"文件的保存"。

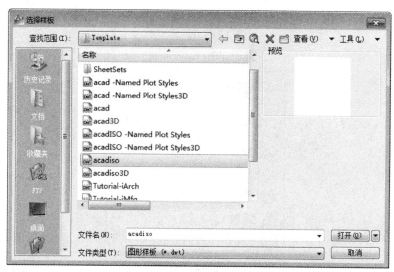

图 1-26 【选择样板】对话框

1.2.2 文件的打开

打开已有文件的方法有两种：

（1）直接双击需要打开的文件图标，计算机会自动启动 AutoCAD 并打开该文件。

（2）打开 AutoCAD 后输入打开命令，其方法有：

- 单击【标准】工具栏中的【打开】按钮 ☞ 。
- 单击菜单栏中的【文件】/【打开】命令。
- 命令行输入：open ✓ 。

执行命令后，弹出如图 1-27 所示的【选择文件】对话框，在该对话框中选择需要打开的文件，同时右侧预览框中会出现该文件图形的预览。如果确定需要打开该文件，再单击【打开】按钮，即可将该文件打开。

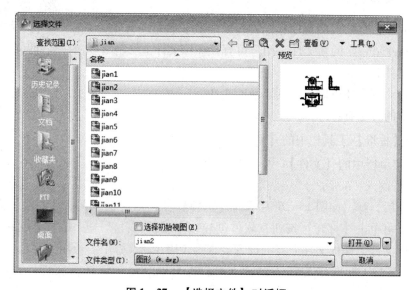

图 1-27 【选择文件】对话框

此外，在图 1-27 所示的【选择文件】对话框中，单击【打开】按钮右侧的下拉箭头，会出现如图 1-28 所示的选项，各选项含义如下：

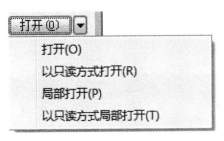

图 1-28　【打开】选项

【打开】：指默认的正常打开方式。

【以只读方式打开】：打开该文件后对文件进行的任何修改都不能被保存。

【局部打开】：选择该方式后，会弹出图 1-29 所示的【局部打开】对话框，在该对话框中选择需要打开的视图及图层对象，再单击【打开（O）】按钮，软件只打开选定的视图和图层。

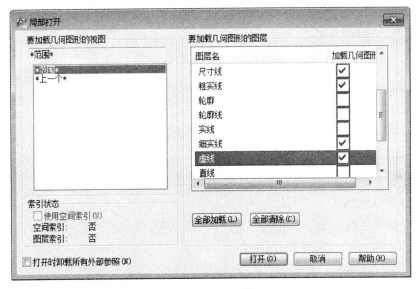

图 1-29　【局部打开】对话框

【以只读方式局部打开】：该选项与【局部打开】含义相同，不同的是打开后所做的编辑修改不能被保存。

1.2.3　文件的保存

使用 AutoCAD 绘制的图形在退出软件之前需要保存。保存的方法有直接保存和另存为两种。

方法一：直接保存

输入命令的方法有：

- 单击【标准】工具栏中的【保存】按钮 ⊟。

- 单击菜单栏中的【文件】/【保存】命令。
- 命令行输入：save ✓。

执行该命令后，如果该文件是第一次保存，则会弹出图 1 – 30 所示的【图形另存为】对话框，在该对话框中指定文件的保存位置，并指定文件名称，再单击【保存】按钮即可完成保存。

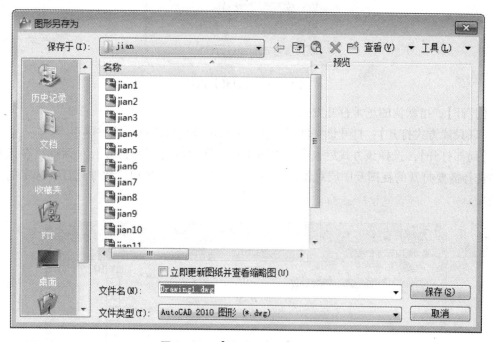

图 1 – 30　【图形另存为】对话框

如果该文件已经被保存过，或者是打开的已有的文件，执行保存命令后不会出现图 1 – 30 所示的对话框，而是直接保存当前图形并覆盖原有图形。

方法二：另存为

输入命令的方法有：

- 单击菜单栏中的【文件】/【另存为】命令。
- 命令行输入：saveas ✓。

执行该命令后，不管该图形之前是否保存过，都会弹出图 1 – 30 所示的【图形另存为】对话框，可重新指定保存位置和文件名，再单击【保存】按钮完成保存。

此外，在执行另存为命令时，弹出【图形另存为】对话框后，默认的文件类型是"AutoCAD 2010 图形（*.dwg）"，该格式代表可由 AutoCAD 2010 及 2012 打开的普通图形文件。单击【文件类型】右侧的下拉箭头后，还可以选择将文件保存为其他格式。如图 1 – 31 所示。各选项的含义如下：

- AutoCAD 2007/LT2007 图形（*.dwg）：文件保存为可由 AutoCAD 2007 打开的普通图形文件。
- AutoCAD 2004/LT2004 图形（*.dwg）：文件保存为可由 AutoCAD 2004 打开的普通图形文件。

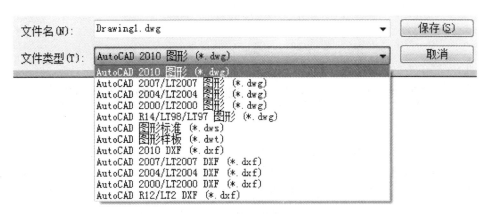

图 1 - 31　【文件类型】选项

- AutoCAD 2000/LT2000 图形（∗.dwg）：文件保存为可由 AutoCAD 2000 打开的普通图形文件。

- AutoCAD R14/LT98/LT97 图形（∗.dwg）：文件保存为可由 AutoCAD R14 及以前的 98、97 版本打开的普通图形文件。

- AutoCAD 图形标准（∗.dws）：文件保存为 dws 格式，即保存为图形标准，可用该标准对其他图形进行核查，比如检查所画的图样的线形、图层、字体等相关属性是否符合 dws 文件中的要求。一般地，每个公司都应有自己的 dws 文件。

- AutoCAD 图形样板（∗.dwt）：文件保存为图形样板。如果选择该选项，默认的保存目录将是软件的 Template 文件夹。用户可设置符合自己行业或者企业设计习惯的样板图，这其中可包括图层、文字样式、标注样式、表格样式等，再将它保存为样板文件，今后在新建文件时就可选择该样板，这样，样板文件中的相关设置即可在新文件中使用，可减少工作量。关于图层、文字样式等内容将在后续章节中介绍。

- AutoCAD 2010 DXF（∗.dxf）：将文件保存为 2010 图形交换格式，可与其他软件进行数据交换。

其他选项也是保存为图形交换格式，只是使用程序版本不一样，这里不再赘述。

第二章 简单平面图形的绘制与编辑

一张完整的工程图是由零件轮廓线、填充图案、尺寸标注、文本说明等组成的。Auto-CAD 提供了丰富的图形对象，利用不止一种有效方式创建不同的直线、圆、圆弧及其他的对象。掌握每一个对象的特性，就能更好的应用 AutoCAD 软件。本章主要讲如图 2-1 所示的【绘图】工具栏中的直线、圆、圆弧和矩形的绘制命令；如图 2-2 所示的【修改】工具栏中的修剪、延伸、倒角、倒圆角、镜像、偏移、复制、移动、旋转和缩放命令的使用；以及精确绘图辅助工具、图形对象选择及夹点编辑。

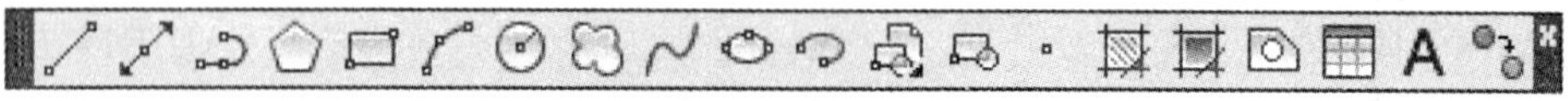

图 2-1 【绘图】工具栏

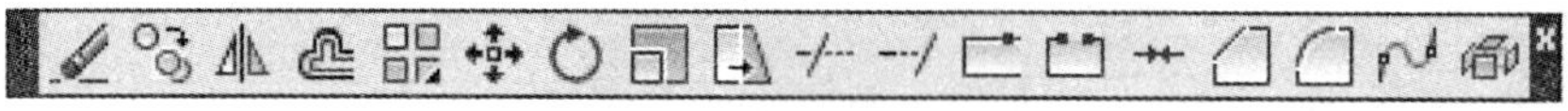

图 2-2 【修改】工具栏

2.1 绘制直线

2.1.1 坐标及其使用

绘图的关键是精确地输入点的坐标。在 AutoCAD 中采用了笛卡尔直角坐标系和极坐标系两种确定坐标的方式，在 AutoCAD 中提示指定点的时候，可以在命令行中输入绝对坐标或相对坐标来完成点的输入。在三维模型中 AutoCAD 还提供了世界坐标系（WCS）和用户坐标系（UCS）进行坐标切换。

1）直角坐标系和极坐标系

任何一个物体都是由三维点所构成，有了一点的三维坐标值，就可以确定该点的空间位置。笛卡尔坐标系是由 X、Y、Z 三个轴构成的，以坐标原点（0，0，0）为基点定位输入点，直角坐标系的三个坐标值之间用逗号来分隔。图形的创建都是在 XY 平面上，因为 Z 轴坐标为 0，可以省略 Z 值，所以平面中的点都是用（X，Y）坐标值来指定的。比如坐标（10，5）表示该点在 X 轴正方向与原点相距 10 个单位，在 Y 轴正方向与原点相距 5 个单位；坐标（-6，5）表示该点在 X 轴负方向与原点相距 6 个单位，在 Y 轴正方向与原点相距 5 个单位。

极坐标基于原点（0，0），点定位采用极径和极角：极径表示该点距原点的距离，极角计量以原点的水平向右为 0°方向，逆时针计算角度。极坐标的表示方法是（极径＜极角），极径和极角之间用小于号（＜）分隔。比如坐标（10＜65）表示该点距离原点距离为 10，该点与原点的连线与0°方向的夹角为65°。

2）绝对坐标和相对坐标

绝对坐标是以原点为基准点来描述点的位置。相对坐标是以前一点为基准点来描述点的位置。

在AutoCAD提示指定点的时候，可以使用鼠标在绘图区中直接拾取点的坐标，也可以在命令行中直接输入绝对坐标值。如果输入相对坐标值，则在坐标值前面加一个"@"符号。如：相对直角坐标（@X，Y）；相对极坐标（@X<Y）。

对于AutoCAD2012，默认是相对坐标的状态，即"动态输入"开启的状态，在此状态的相对坐标直接输入坐标值，可以不用输入"@"符号，要使用绝对坐标则需要将"动态输入"关闭。"动态输入"为状态栏中的按钮 ，或"F12"键都可控制是否使用绝对坐标或相对坐标。

示例：已知图形每个点的绝对坐标如图2-3所示，分别用绝对坐标和相对坐标绘制图形。

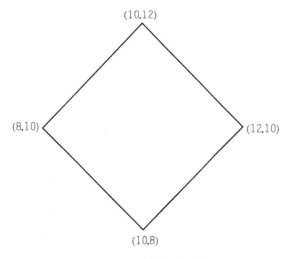

图2-3　绘制直线示例

（1）用绝对坐标绘制图2-3。

单击【绘图】工具栏的直线 按钮，在命令行依次输入：

命令：_ line 指定第一点：8，10 ↙

指定下一点或［放弃（U）］：10，12 ↙

指定下一点或［放弃（U）］：12，10 ↙

指定下一点或［闭合（C）/放弃（U）］：10，8 ↙

指定下一点或［闭合（C）/放弃（U）］：c ↙

（2）用相对坐标绘制图2-3。

单击【绘图】工具栏的直线 按钮，在命令行依次输入：

命令：_ line 指定第一点：8，10 ✓

指定下一点或 ［放弃（U）］：@2，2 ✓

指定下一点或 ［放弃（U）］：@2，-2 ✓

指定下一点或 ［闭合（C）/放弃（U）］：@-2，-2 ✓

指定下一点或 ［闭合（C）/放弃（U）］：c ✓

3）世界坐标系（WCS）和用户坐标系（UCS）

世界坐标系（WCS）是绘制和编辑图形的过程中的基本坐标系统，也是进入 AutoCAD 后的默认坐标系统。世界坐标系（WCS）由三个正交于原点的坐标轴 X、Y、Z 组成。WCS 的坐标原点和坐标轴是固定的，不会随用户的操作而发生变化。世界坐标系的坐标轴默认方向是 X 轴的正方向水平向右，Y 轴正方向垂直向上，Z 轴的正方向垂直于屏幕指向用户。坐标原点在绘图区的左下角，系统默认的 Z 坐标值为 0，如果用户没有另外设定 Z 坐标值，所绘图形只能是 XY 平面的图形。

用户坐标系（UCS）是根据用户需要而变化的，以方便用户绘制图形。在默认状态下，用户坐标系与世界坐标系相同，用户可以在绘图过程中根据具体情况来定义 UCS。单击【视图】/【显示】/【UCS 图标】可以打开和关闭坐标系图标。也可以设置是否显示坐标系原点，还可以设置坐标系图标的样式、大小及颜色。

4）输入坐标的方式

在 AutoCAD 中，坐标的输入方式除了前面讲的相对坐标和绝对坐标输入外，还有其他一些坐标输入方式。

在 AutoCAD 中，开始执行命令指定第一点后，通过移动光标指示方向，配合正交或极轴追踪，用相对极坐标方式输入相对第一个点的距离完成第二个点的绘制。也可以用动态输入的方式更方便快捷地输入坐标，在随光标显示的动态框中输入距离，按"Tab"键切换到角度动态框，并输入角度值完成坐标的输入，如图 2-4 所示。

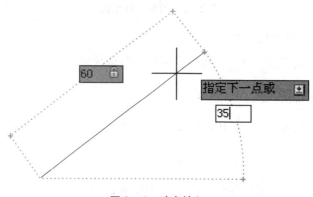

图 2-4　动态输入

2.1.2　绘制直线的方法

绘制直线命令是使用最频繁的命令，也是最基础的命令。AutoCAD 中的大多数图形都可能含有直线。直线是由起点和终点来确定的，通过鼠标或键盘来决定线段的起点和终点。当从一个点出发作了一条线段后，AutoCAD 允许以上一条线段的终点为起点，另外确定一点为线段的终点，这样可以绘制一系列的直线段，但各直线段是彼此独立的对象，可以通过按回车键、"Esc" 键或从鼠标右键的快捷菜单中选择【确认】终止命令。

输入命令的方式：

- 单击菜单栏中的【绘图】/【直线】命令。
- 单击【绘图】工具栏中的【直线】按钮 。
- 命令行输入：line（L：为简化命令）↙。

命令行提示：

命令：_ line 指定第一点：

指定下一点或［放弃（U）］：

指定下一点或［闭合（C）/放弃（U）］：

【闭合（C）】：如果绘制多条线段，最后要形成一个封闭图形时，应在命令行中键入 C，则最后一个端点与第一条线段的起点重合形成封闭图形。

【放弃（U）】：撤销刚画的线段。在命令行中键入 U，按下回车键，则最后画的那条线段删除。

下面以图 2－5 为例讲述直线的绘制。

绘制直线的步骤如下：

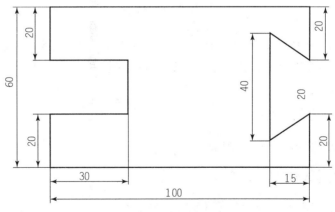

图 2－5 直线的绘制

（1）执行绘制直线命令。

（2）命令：_ line 指定第一点：在绘图区单击鼠标左键确定一点为图 2－5 左下角点。移动鼠标向上，在动态框中输入 20 ↙；移动鼠标向右，在动态框中输入 30 ↙，完成两段直线的绘制如图 2－6 所示。

（3）重复步骤（2）分别在相应的动态框中输入：20、30、20，完成图 2－7 的绘制。

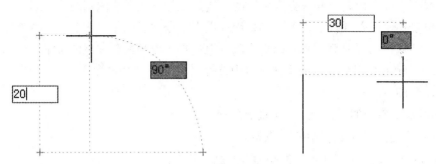

图 2 - 6 　完成两段直线的绘制

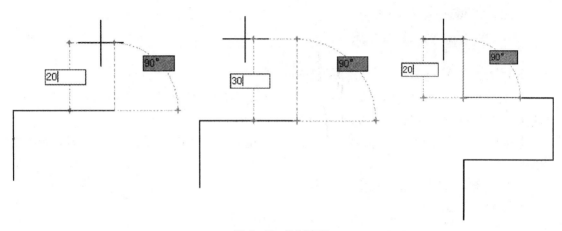

图 2 - 7 　绘制直线

（4）依次在命令行中输入@100，0 ✓、@0，-20 ✓、@-15，10 ✓、@40<270 ✓、@15，10 ✓、@20<270 ✓、c ✓，完成图 2-5 的绘制。

命令行提示信息：

命令：_ line 指定第一点：

指定下一点或 ［放弃（U）］：20 ✓

指定下一点或 ［放弃（U）］：30 ✓

指定下一点或 ［闭合（C）/放弃（U）］：20 ✓

指定下一点或 ［闭合（C）/放弃（U）］：30 ✓

指定下一点或 ［闭合（C）/放弃（U）］：20 ✓

指定下一点或 ［闭合（C）/放弃（U）］：@100，0 ✓

指定下一点或 ［闭合（C）/放弃（U）］：@0，-20 ✓

指定下一点或 ［闭合（C）/放弃（U）］：@-15，10 ✓

指定下一点或 ［闭合（C）/放弃（U）］：@40<270 ✓

指定下一点或［闭合（C）／放弃（U）］：@ 15，10 ↙

指定下一点或［闭合（C）／放弃（U）］：@ 20 < 270 ↙

指定下一点或［闭合（C）／放弃（U）］：c ↙

2.2　绘制圆和圆弧

2.2.1　圆的绘制

圆是 AutoCAD 中另一种常用的对象。创建圆方式有：①指定圆心和半径；②指定圆直径上的两个端点；③在圆周上指定三个点；④与两几何图素相切并指定半径；⑤与三几何图素相切等。具体选择哪种绘制方式，应根据实际情况来选择。

输入命令的方式：

- 单击菜单栏中的【绘图】／【圆】命令。
- 单击【绘图】工具栏中的【圆】按钮 ⊙ 。
- 命令行输入：circle（c 简化命令）↙ 。

命令行提示：

命令：_ circle 指定圆的圆心或［三点（3P）／两点（2P）／相切、相切、半径（T）］：

方法一：使用圆心、半径方式绘制圆

使用圆心、半径绘制圆的步骤如下：

（1）执行绘制圆的命令。

（2）命令：_ circle 指定圆的圆心或［三点（3P）／两点（2P）／相切、相切、半径（T）］：

在绘图区指定一点作为圆心点。

（3）指定圆的半径或［直径（D）］：50 ↙　　指定圆的半径值"50"，如图 2 - 8 所示。

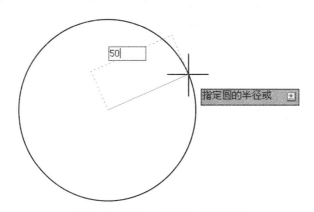

图 2 - 8　圆心、半径方式绘制圆

方法二：使用圆心、直径方式绘制圆

使用圆心、直径绘制圆的步骤如下：

（1）执行绘制圆的命令。

（2）命令：_ circle 指定圆的圆心或 ［三点（3P）/两点（2P）/相切、相切、半径（T）］：在绘图区指定一点作为圆心。

（3）指定圆的半径或 ［直径（D）］ ＜100＞：d↙ 指定用直径方式绘制圆。

（4）指定圆的直径 ＜50＞：100↙ 指定圆的直径值"100"，如图 2－9 所示。

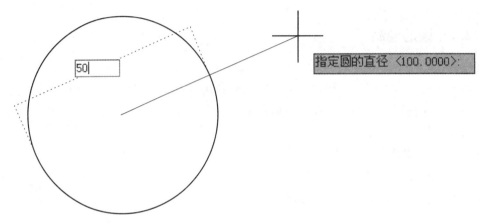

图 2－9 圆心、直径方式绘制圆

方法三：使用通过直径的两点绘制圆

使用直径的两点绘制圆的步骤如下：

（1）执行绘制圆的命令。

（2）命令：_ circle 指定圆的圆心或 ［三点（3P）/两点（2P）/相切、相切、半径（T）］：2p↙ 指定用两点方式绘制圆。

（3）指定圆直径的第一个端点：在绘图区指定一点作为圆上一点。

（4）指定圆直径的第二个端点：60↙ 指定圆的直径值"60"，如图 2－10 所示。

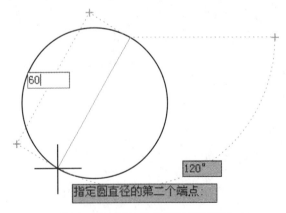

图 2－10 通过直径的两点绘制圆

方法四：使用三点方式绘制圆

使用三点绘制圆的步骤如下：

（1）执行绘制圆的命令。

（2）命令：_ circle 指定圆的圆心或 ［三点 （3P） /两点 （2P） /相切、相切、半径 （T）］：
3p ↙ 指定使用三点方式绘制圆。

（3）指定圆上的第一个点：在绘图区指定一点作为圆的第一点。

（4）指定圆上的第二个点：在绘图区指定一点作为圆的第二点，如图 2－11a 所示。

（5）指定圆上的第三个点：在绘图区指定一点作为圆的第三点，如图 2－11b 所示。

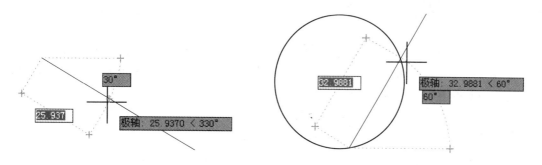

图 2－11a 指定圆的第二点   图 2－11b 指定圆的第三点

方法五：使用相切、相切、半径方式绘制圆

使用相切、相切、半径方式绘制圆的步骤如下：

（1）执行绘制圆的命令。

（2）命令：_ circle 指定圆的圆心或 ［三点 （3P） /两点 （2P） /相切、相切、半径 （T）］：
t ↙ 指定使用相切、相切、半径绘制圆。

（3）指定对象与圆的第一个切点：指定第一个切点，如图 2－12a 所示。

（4）指定对象与圆的第二个切点：指定第二个切点，如图 2－12b 所示。

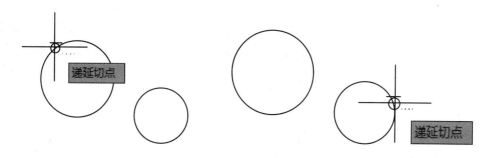

图 2－12a 指定第一个切点   图 2－12b 指定第二个切点

（5）指定圆的半径 <731.0666>：100✓ 指定圆的半径值"100"，如图 2－12c 所示；完成圆的绘制，如图 2－12d 所示。

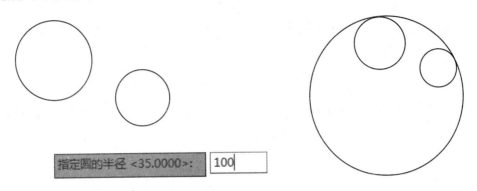

指定圆的半径 <35.0000>： 100

图 2－12c 指定圆的半径值   图 2－12d 完成圆的绘制

★ 切点位置不同，指定半径不同，绘制圆的结果是不同的。可以是内切，也可以是外切，也可以是既有内切，也有外切。

方法六：使用相切、相切、相切方式绘制圆

使用相切、相切、半径方式绘制圆的步骤如下：

（1）执行绘制圆的命令。

（2）命令：_ circle 指定圆的圆心或 ［三点（3P）/两点（2P）/相切、相切、半径（T）］：3p✓ 指定使用相切、相切、相切方式绘制圆。

（3）指定圆上的第一个点：tan✓ 指定圆的第一个切点。

（4）指定圆上的第二个点：tan✓ 指定圆的第二个切点。

（5）指定圆上的第三个点：tan✓ 指定圆的第三个切点。

★ 当使用菜单栏中【绘图】/【圆】/【相切、相切、相切】方式时，提示指定切点时在命令行不用输入"tan"，直接用鼠标左键单击相切对象即可。

2.2.2　圆弧的绘制

圆弧是圆的一部分，可以使用多种方法来创建圆弧，也可以通过对圆的修剪来创建圆弧。由于在菜单栏中【绘图】/【圆弧】的子命令有 11 种绘制圆弧的方法，如图 2－13 所示，所以在此主要介绍几种常用的圆弧绘制方法。因为圆弧命令的选项多而且复杂，所以绘图时注意给定条件和命令行的提示就可以实现圆弧绘制。

输入命令的方式：

● 单击菜单栏中的【绘图】/【圆弧】/【三点】或【起点、圆心、端点】命令。

● 单击【绘图】工具栏中的【圆弧】按钮 。

● 命令行输入：arc（a 简化命令）✓。

命令行提示：

命令：_ arc 指定圆弧的起点或 ［圆心（C）］：

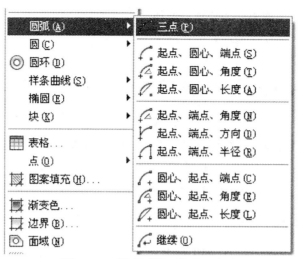

图 2 – 13 绘制【圆弧】的子命令

方法一：使用三点方式绘制圆弧

使用三点绘制圆弧的步骤如下：

（1）执行绘制圆弧的命令。

（2）命令：_ arc 指定圆弧的起点或［圆心（C）］：在绘图区指定一点作为圆弧的第一点。

（3）指定圆弧的第二个点或［圆心（C）/端点（E）］：在绘图区指定一点作为圆弧的第二点，如图 2 – 14a 所示。

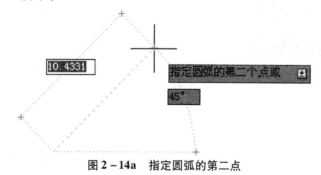

图 2 – 14a 指定圆弧的第二点

（4）指定圆弧的端点：在绘图区指定一点作为圆弧的第三点，如图 2 – 14b 所示。完成圆弧的绘制如图 2 – 14c 所示。

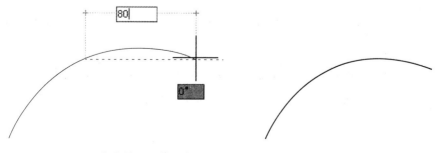

图 2 – 14b 指定圆弧的第三点　　　　　　　**图 2 – 14c 完成圆弧的绘制**

方法二：使用起点、圆心、角度绘制圆弧

使用起点、圆心、角度绘制圆弧的步骤如下：

（1）执行绘制圆弧的命令。

（2）命令：_ arc 指定圆弧的起点或 ［圆心（C）］：在绘图区指定一点作为圆弧的起点。

（3）指定圆弧的第二个点或 ［圆心（C）/端点（E）］：c ✓ 指定用圆心方式绘制。

（4）指定圆弧的圆心：在绘图区指定一点（"50 Tab 40"）作为圆弧的圆心，如图 2 -15a 所示。

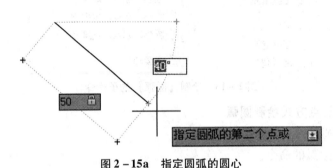

图 2 -15a 指定圆弧的圆心

（5）指定圆弧的端点或 ［角度（A）/弦长（L）］：a ✓ 指定使用角度绘制圆弧。

（6）指定包含角：指定圆弧的包含角值"130"，如图 2 -15b 所示。完成圆弧的绘制如图 2 -15c 所示。

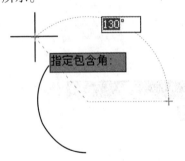

图 2 -15b 指定圆弧的包含角

图 2 -15c 完成圆弧的绘制

方法三：使用起点、端点、半径绘制圆弧

使用起点、端点、半径绘制圆弧的步骤如下：

（1）执行绘制圆弧的命令。

（2）命令：_ arc 指定圆弧的起点或 ［圆心（C）］：在绘图区指定一点作为圆弧的起点。

（3）指定圆弧的第二个点或 ［圆心（C）/端点（E）］：e ✓ 指定用端点方式绘制。

（4）指定圆弧的端点：在绘图区指定一点（"80 Tab 30"）作为圆弧的端点，如图 2 -16a 所示。

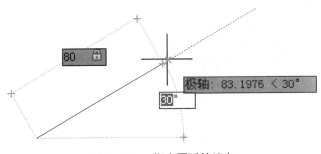

图 2 – 16a　指定圆弧的端点

（5）指定圆弧的圆心或［角度（A）/方向（D）/半径（R）］：r ↙　指定用半径绘制。

（6）指定圆弧的半径：指定圆弧的半径值"50"，如图 2 – 16b 所示。完成圆弧的绘制，如图 2 – 16c 所示。

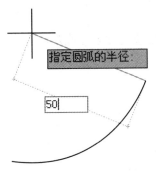

图 2 – 16b　指定圆弧的半径值

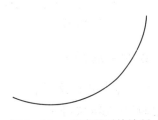

图 2 – 16c　完成圆弧的绘制

方法四：使用圆心、起点、端点绘制圆弧

使用圆心、起点、端点绘制圆弧的步骤如下：

（1）执行绘制圆弧的命令。

（2）命令：_ arc 指定圆弧的起点或［圆心（C）］：c ↙　指定用圆心绘制。

（3）指定圆弧的圆心：在绘图区指定一点作为圆弧的圆心。

（4）指定圆弧的起点：在绘图区指定一点作为圆弧的起点。

（5）指定圆弧的端点或［角度（A）/弦长（L）］：在绘图区指定一点作为圆弧的端点。

★ 在绘制圆弧时，除三点绘制圆弧外，其他方法都是从起点到端点绘制圆弧，并且起点和端点的顺序可按顺时针或逆时针方向给定。并且要注意角度的方向和弦长的正负，逆时针绘制圆弧为正，反之为负。

2.3　绘制矩形

矩形是常用的几何图形之一。在 AutoCAD 中主要是通过控制矩形的两个对角点、矩形的面积和长度或宽度来完成矩形的绘制。

输入命令的方式：

- 单击菜单栏中的【绘图】/【矩形】命令。
- 单击【绘图】工具栏中的【矩形】按钮 ▭ 。
- 命令行输入：rectang（rec 简化命令）↙。

命令行提示：

指定第一个角点或 ［倒角（C）/标高（E）/圆角（F）/厚度（T）/宽度（W）］：

指定另一个角点或 ［面积（A）/尺寸（D）/旋转（R）］：

【倒角（C）】：指定矩形各顶点倒角的大小；

【标高（E）】：确定矩形所在平面的高度。默认情况下，矩形在 XY 平面内即 Z 值（标高）为 0；

【圆角（F）】：指定矩形各顶点圆角的大小；

【厚度（T）】：设置矩形的厚度。此命令常在三维时使用；

【宽度（W）】：设置矩形边的宽度；

【面积（A）】：先输入矩形的面积，在输入矩形的长度或宽度来完成矩形的绘制；

【尺寸（D）】：输入矩形的长、宽绘制矩形；

【旋转（R）】：设置矩形的旋转角度。

2.3.1 绘制普通矩形

普通矩形的绘制是矩形绘制中最简单的一种绘制方法。

绘制普通矩形的步骤如下：

（1）执行绘制矩形的命令。

（2）指定第一个角点或 ［倒角（C）/标高（E）/圆角（F）/厚度（T）/宽度（W）］：在绘图区指定一点作为矩形的一个角点。

（3）指定另一个角点或 ［面积（A）/尺寸（D）/旋转（R）］：在绘图区指定一点作为矩形的另一个角点，如图 2 - 17 所示。

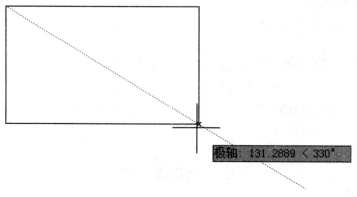

图 2 - 17　普通矩形的绘制

2.3.2　绘制带有倒角或圆角的矩形

在绘制零件图形时有些矩形图形带有倒角或圆角，在 AutoCAD 中提供了专门的命令来实现这些要求。调用带有倒角或圆角的矩形命令的方法和普通矩形的方法一样。

1）带倒角矩形的绘制

绘制带倒角矩形的步骤如下：

（1）执行绘制带倒角矩形的命令。

（2）指定第一个角点或［倒角（C）/标高（E）/圆角（F）/厚度（T）/宽度（W）］：c ↙指定绘制带倒角的矩形。

（3）指定矩形的第一个倒角距离 <0.000 0>：10 ↙　指定第一倒角值"10"。

（4）指定矩形的第二个倒角距离 <0.000 0>：10 ↙　指定第二倒角值"10"。

（5）指定第一个角点或［倒角（C）/标高（E）/圆角（F）/厚度（T）/宽度（W）］：在绘图区指定一点作为矩形的一个角点。

（6）指定另一个角点或［面积（A）/尺寸（D）/旋转（R）］：在绘图区指定一点作为矩形的另一个角点，如图 2－18a 所示。完成带倒角矩形的绘制，如图 2－18b 所示。

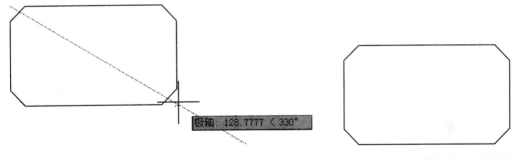

图 2－18a　带倒角矩形的绘制　　　　　图 2－18b　完成带倒角矩形的绘制

2）带圆角矩形的绘制

命令行提示：

指定第一个角点或［倒角（C）/标高（E）/圆角（F）/厚度（T）/宽度（W）］：

f ↙

指定矩形的圆角半径 <10.000 0>：指定圆角半径

指定第一个角点或［倒角（C）/标高（E）/圆角（F）/厚度（T）/宽度（W）］：

指定另一个角点或［面积（A）/尺寸（D）/旋转（R）］：

带圆角矩形的绘制方法和带倒角矩形的绘制方法类似，在此就不介绍了。

2.3.3　绘制定面积的矩形

定面积矩形的创建方法是先输入矩形的面积，在输入矩形的长度或宽度来完成矩形的创建。

定面积矩形绘制步骤如下：

（1）执行绘制带倒角矩形的命令。

（2）指定第一个角点或 ［倒角（C）/标高（E）/圆角（F）/厚度（T）/宽度（W）］：在绘图区指定一点作为矩形的一个角点。

（3）指定另一个角点或 ［面积（A）/尺寸（D）/旋转（R）］：A✓ 指定使用定面积绘制矩形。

（4）输入以当前单位计算的矩形面积 < >：200✓ 指定矩形的面积"200"。

（5）计算矩形标注时依据 ［长度（L）/宽度（W）］ <长度>：L✓ 指定使用定面积绘制矩形的长度。

（6）输入矩形长度 < >：20✓ 指定矩形的长度"20"，如图2-19所示。

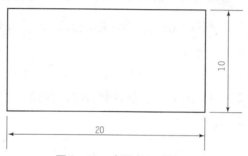

图2-19 定面积矩形绘制

矩形的绘制常用方法中还有一种：根据长和宽绘制矩形。这种方法比较简单，在此就不详细介绍了。

命令行提示：

命令：_ rectang

指定第一个角点或 ［倒角（C）/标高（E）/圆角（F）/厚度（T）/宽度（W）］：

指定另一个角点或 ［面积（A）/尺寸（D）/旋转（R）］：d✓

指定矩形的长度 < >：输入长度✓

指定矩形的宽度 < >：输入宽度✓

指定另一个角点或 ［面积（A）/尺寸（D）/旋转（R）］：

根据命令行提示输入相应的参数即可完成矩形的绘制。

2.4 精确绘图辅助工具

在用AutoCAD绘制机械图样时，为保证绘图的效率和准确，往往需要借助一些辅助工具来完成图形绘制。AutoCAD提供了许多精确定位辅助工具，如对象捕捉、栅格、正交、极轴、跟踪等功能，帮助用户实现精确绘图。

2.4.1 捕捉和栅格

1）栅格

栅格是为了绘图方便在屏幕特定区域内显示具有一定行间距的系列点，类似于在图形下放置一张坐标纸。使用栅格可以对齐对象并直观显示对象之间的距离，直观地参照栅格绘制图形，并且可感觉到图纸的幅面区域，避免将图形绘制在图纸之外。在输出图纸时栅格不会被打印出来。

输入命令的方式：

• 单击菜单栏中的【工具】／【草图设置】命令，在弹出的【草图设置】对话框中单击【捕捉和栅格】选项。

• 状态栏【栅格】按钮上单击鼠标右键，在快捷菜单中选择【设置（S）】，弹出【草图设置】对话框中的【捕捉和栅格】选项。

• 命令行输入：grid ↙。

执行栅格步骤如下：

（1）执行栅格激活命令，弹出的【草图设置】对话框中的【捕捉和栅格】选项，如图 2－20a 所示。

图 2－20a 【捕捉和栅格】选项

（2）选取【启用栅格（F7）（G）】选项框，在【栅格 X 轴间距（N）】和【栅格 Y 轴间距（I）】框中分别输入栅格间距值，X 轴间距和 Y 轴间距的间距值可以不同，如图 2－20b 所示。

（3）在【草图设置】对话框中，单击【确定】按钮完成栅格设置。在绘图区显示栅格，如图 2－20c 所示。

图 2 –20b 【启用栅格（F7）（G）】选项

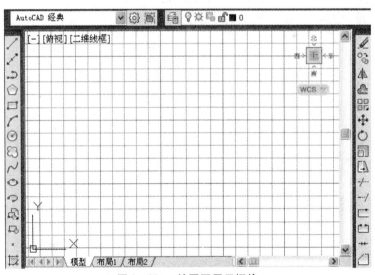

图 2 –20c 绘图区显示栅格

★ 在 AutoCAD 中，窗口显示范围较大，在打开栅格后，全部栅格出现在左下角。因此执行菜单【视图】/【缩放】/【全部】命令，就可在绘图区完全显示栅格。

2）捕捉

捕捉是准确、快速绘图的常用工具之一。捕捉指的是捕捉栅格点，即当捕捉打开时，鼠标准确地定位到设置的捕捉间距上。捕捉设置和栅格设置位于【草图设置】对话框内。单击状态栏的【捕捉】按钮或按"F9"键可以打开或关闭捕捉工具。

捕捉间距的设置可以和栅格设置的间距不一样。但最好将栅格间距设置为捕捉间距的整数倍，这样可以保证定位点的精确性。

2.4.2　正交与极轴

正交和极轴都是为了追踪一定角度而设置的绘图工具。正交只能追踪 X 轴和 Y 轴方向的角度，而极轴可以根据需要设置追踪不同的角度。

1）正交

当需要在水平或垂直方向绘制图形时，可以打开 AutoCAD 的正交工具，限制光标只在水平或垂直方向移动。

输入命令的方式：

● 单击状态栏的【正交】按钮。

● 命令行输入：ortho ↙。

2）极轴

使用极轴捕捉，光标将沿极轴角按指定角度增量进行移动，通过极轴角的设置，可以在绘图时捕捉到各种设置好的角度方向。

输入命令的方式：

● 单击菜单栏中的【工具】／【草图设置】命令，在弹出的【草图设置】对话框中单击【极轴追踪】选项。

● 在状态栏【极轴】按钮上单击鼠标右键，在快捷菜单中选择【设置（s）】，弹出【草图设置】对话框中的【极轴追踪】选项。

● 命令行输入：dsettings ↙。

执行极轴捕捉的步骤如下：

（1）执行极轴捕捉命令，弹出的【草图设置】对话框中的【极轴追踪】选项，如图 2 –21a 所示。

图 2 –21a　【极轴追踪】选项卡

（2）在【增量角】选项组中指定角度增量，如图 2 - 21b 所示。

图 2 - 21b　指定角度增量

（3）单击【确定】按钮完成极轴追踪设置，如图 2 - 21c 所示。

图 2 - 21c　极轴追踪设置

（4）在绘图区显示极轴追踪线和增量角度值，如图 2 – 21d 和图 2 – 21e 所示。

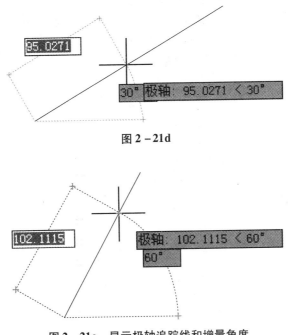

图 2 – 21d

图 2 – 21e　显示极轴追踪线和增量角度

★ 所有 0°和增量角的整数倍都可以被极轴追踪追踪到。如果极轴增量角不能满足绘图需求，还可以在【附加角】选项组中增加单独的极轴角。选取【附加角】对话框，单击【新建】按钮，在列表中输入需附加的角度值即可。只有被设置的单个附加角才会被追踪，也可以设置多个附加角。

2.4.3　对象捕捉和对象追踪

对象捕捉的前提是在绘图区中必须有对象。对象捕捉是将指定的点限制在现有对象的特定位置上，如端点、交点、中点、圆心等。对象捕捉的方式有：单点捕捉和自动捕捉两种。

方法一：单点捕捉

单点捕捉是根据选择特定的捕捉点来指定点的位置。在选择对象时，光标将捕捉离其最近的符合条件的点，并给出捕捉到该点的符号和捕捉标记提示。对象捕捉必须在绘图或编辑命令的执行过程中，在提示输入点时才能使用。

输入命令的方式：

- 在【对象捕捉】工具栏选择相应的捕捉类型，如图 2 – 22 所示。

图 2 – 22　【对象捕捉】工具栏

- 在绘图时，按住"Shift"键或"Ctrl"键单击鼠标右键，调出对象捕捉快捷菜单，从中选择需要的捕捉点，如图 2 – 23 所示。

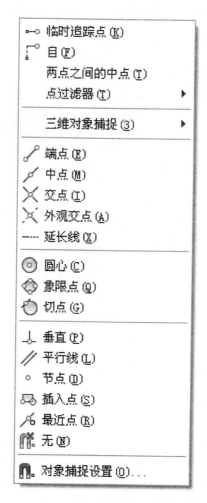

图 2-23 对象捕捉快捷菜单

常用的对象捕捉类型有：

【临时追踪点 ⊷】：启用后，指定一临时追踪点，其上将出现一个小的加号（＋）。移动光标时，将相对于这个临时点显示自动追踪对齐路径，用户在路径上以相对于临时追踪点的相对坐标取点。

【捕捉自 ﹁】：建立一个临时参照点作为偏移后续点的基点，输入自该基点的偏移位置作为相对坐标，或使用直接距离输入。

【捕捉到端点 ✓】：利用端点捕捉工具可捕捉其他图元的端点，这些图元可以是圆弧、直线、复合线、射线、平面或三维面，若图元有厚度，端点捕捉也可捕捉图元边界端点。

【捕捉到中点 ✓】：利用中点捕捉工具可捕捉另一图元的中间点这些图元可以是圆弧、线段、复合线、平面或辅助线（infinite line），当为辅助线时，中点捕捉第一个定义点，若图元有厚度也可捕捉图元边界的中间点。

【捕捉到交点 ✕】：利用交点捕捉工具可以捕捉三维空间中任意相交图元的实际交点，这些图元可以是圆弧、圆、直线、复合线、射线或辅助线，如果靶框只选到一个图元，程序会要求选取有交点的另一个图元，利用它也可以捕捉三维图元的顶点或有厚度图元的角点。

【捕捉到外观交点 ✕ 】：平面视图交点捕捉工具可以捕捉当前 UCS 下两图元投射到平面视图时的交点，此时图元的 Z 坐标可忽略，交点将用当前标高作为 Z 坐标，当只选取到一图元时，程序会要求选取有平面视图交点的另一图元。

【捕捉到圆心 ◎ 】：利用中心点捕捉工具可捕捉一些图元的中心点，这些图元包括圆、圆弧、多维面、椭圆、椭圆弧等，捕捉中心点，必须选择图元的可见部分。

【捕捉到垂足 ⊥ 】：利用垂直点捕捉工具可捕捉一些图元的垂直点，这些图元可以是圆、圆弧、直线、复合线、辅助线、射线，或平面的边和图元或与图元延伸部分形成垂直。

【捕捉到切点 ○ 】：利用切点捕捉工具可捕捉图元切点，这些图元为圆或圆弧，当和前点相连时，形成图元的切线。

【捕捉到象限点 ◇ 】：利用象限捕捉工具，可捕捉圆、圆弧、椭圆、椭圆弧的最近四分圆点。

【捕捉到插入点 ⊡ 】：利用插入点捕捉工具可捕捉外部引用，图块，文字的插入点。

【捕捉到平行线 ∥ 】：和选定的对象平行。

【捕捉到最近点 ⅄ 】：捕捉到圆弧、圆、直线、多段线等线条的最近点。

【清除捕捉对象 ⌂ 】：利用清除实体捕捉工具，可关掉实体捕捉，无论该实体捕捉是通过菜单、命令行、工具条或草图设置对话框中哪一种方式设定的。

方法二：自动捕捉

自动捕捉是另一种持续有效的捕捉方式，可以避免单点捕捉的烦琐操作，避免每次遇到输入点提示后必须选择捕捉方式。可以一次选择多种捕捉方式，在命令操作中只要打开对象捕捉，捕捉方式即可持续有效。

输入命令的方式：

● 单击菜单栏【工具】/【草图设置】，在弹出的【草图设置】对话框中选择【对象捕捉】选项。

● 单击【对象捕捉】工具栏【对象捕捉设置】按钮 ⌂ 。

● 鼠标右键单击状态栏【对象捕捉】按钮，在快捷菜单中单击【设置】菜单，在弹出的【草图设置】对话框中选择【对象捕捉】选项。

● 命令行输入：osnap ↙ 。

执行命令后，在弹出的【草图设置】对话框中选择【对象捕捉】选项，如图 2 – 24 所示。在对话框中，选择【对象捕捉模式】，如端点、中点、圆心、切点等，然后单击【确定】按钮完成【对象捕捉】设置。在绘制图形遇到点提示时，一旦光标在特定点的范围内，该点就被捕捉。

★ 当需要捕捉一个对象上的特殊点时，只要将鼠标靠近对象，不断地按"Tab"键，这个对象的特殊点就会轮换显示出来，找到需要的点后单击即可捕捉到。自动捕捉时如果选择的捕捉类型太多，使用起来并不一定方便，因为邻近的对象可能会同时捕捉到多个捕捉类型而相互干扰。因此，除了常用的捕捉类型，其他捕捉类型不要选择。

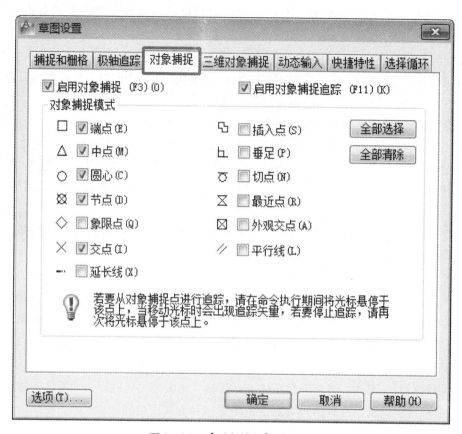

图 2 – 24　【对象捕捉】选项卡

2.5　图形对象选择及夹点编辑

2.5.1　选择集设置

选择集选项卡中可以设置选择对象的相关参数，如：【选择框大小】、【夹点大小】和【选择集模式】等。

输入命令的方式：

- 单击菜单栏中的【工具】／【选项】命令。
- 命令行输入：options ✓。

执行选择集命令，弹出【选项】对话框，单击【选择集】选项，进入选择集设置选项，如图 2 – 25 所示。

在选择集中每个功能组的解释如下：

【拾取框大小】选项组：控制拾取框的显示尺寸。拾取框是在编辑命令中出现的对象选择工具。

【选择集模式】选项组：用来控制与对象选择方法相关的设置。

【先选择后执行】：允许在启动命令之前选择对象。

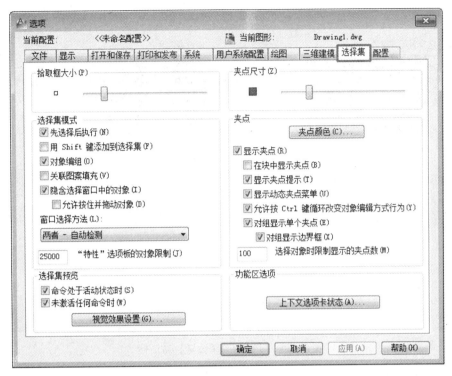

图 2 – 25 【选项】对话框

【用 Shift 键添加到选择集】：按 "Shift" 键并选择对象时，可以向选择集中添加对象或从选择集中删除对象。要快速清除选择集，请在图形的空白区域建立一个选择窗口。

【对象编组】：选择编组中的一个对象就选择了编组中的所有对象。使用 Group 命令，可以创建和命名一组选择对象。

【关联图案填充】：确定选择关联填充时将选定哪些对象。如果选择该选项，那么选择关联填充时也选定边界对象。

【隐含选择窗口中的对象】：在对象外选择了一点时，初始化选择窗口中的图形。从左向右绘制选择窗口将选择完全处于窗口边界内的对象；从右向左绘制选择窗口将选择处于窗口边界相交的对象。

【允许按住并拖动对象】：通过选择一点，然后将定点设备拖动至第二点来绘制选择窗口。如果此选项未选择，则可以用定点设备选择两个单独的点来绘制选择窗口。

【窗口选择方法】：包括两次单击、按住并拖动和两者 – 自动检测，共三个选项。

【选择集预览】选项组：设置当拾取框光标滚动过对象时亮显对象，以及设置选择预览的外观（视觉效果）。

【命令处于活动状态时】：选中该复选框，仅当某个命令处于活动状态并显示 "选择对象" 提示时，才会显示选择预览。

【未激活任何命令时】：选中该复选框，即使未激活任何命令，也可显示选择预览。

【视觉效果设置】按钮：单击该按钮，则打开【视觉效果设置】对话框，如图 2 – 26 所示，可以设置选择与选区预览效果。

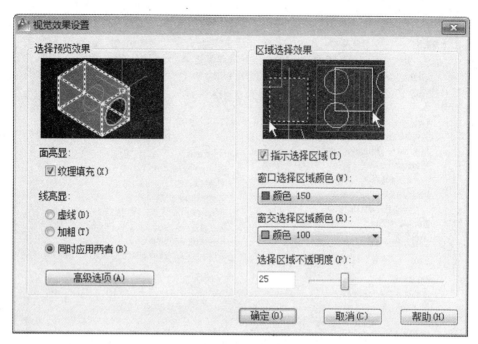

图 2 – 26 【视觉效果设置】对话框

【夹点尺寸】选项组：控制夹点的显示尺寸。拖动滑块可以调整夹点的大小。

【夹点】选项组：控制与夹点相关的设置。注意，在对象被选中后，其上将显示夹点，即一些小方块。

【夹点颜色】按钮：单击该按钮，则打开【夹点颜色】对话框，如图 2 – 27 所示，可以设置四种颜色效果。

图 2 – 27 【夹点颜色】对话框

【未选中夹点颜色】：该列表框用于确定未选中的夹点的颜色。

【选中夹点颜色】：该列表框用于确定选中的夹点的颜色。

【悬停夹点颜色】：该列表框用于决定光标在夹点上滚动时夹点显示的颜色。

【夹点轮廓颜色】：该列表框用于确定夹点轮廓的颜色。

【显示夹点】：选择对象时在对象上显示夹点。通过选择夹点和使用快捷菜单，可以用夹点来编辑对象。在图形中显示夹点会明显降低性能；不选中此选项可优化性能。

【在块中启用夹点】：控制在选中块后如何在块上显示夹点。如果选择此选项，将显示块中每个对象的所有夹点；如果取消选中此选项，将在块的插入点处显示一个夹点。选择夹点和使用快捷菜单，可以用夹点来编辑对象。

【显示夹点提示】：当光标悬停在支持夹点提示的自定义对象的夹点上时，显示夹点的特定提示。此选项对标准对象无效。

【显示动态夹点菜单】：控制在将鼠标悬停在多功能夹点上时动态菜单的显示。

【允许按 Ctrl 键循环改变对象编辑方式行为】：选中夹点后，当光标悬停已选中的夹点上时，如图 2 - 28 所示，按"Ctrl"键可在拉伸顶点、添加顶点和删除顶点三种选项之间切换。

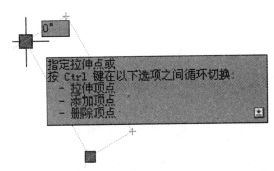

图 2 - 28 按"Ctrl"键循环改变对象编辑方式行为

【对组显示单个夹点】：显示对象组的单个夹点。

【对组显示边界框】：围绕编组对象的范围显示边界框。

【选择对象时限制显示的夹点数】：当初始选择集包括多于指定数目的对象时，将不显示夹点。有效值的范围为 1 ~ 32 767，只能是整数，其默认设置是 100。

【功能区】选项：对功能区上下文选项卡状态进行设置。

【上下文选项卡状态】：显示"功能区上下文选项卡状态选项"对话框，从中可以为功能区上下文选项卡的显示设置对象选择设置，如图 2 - 29 所示。

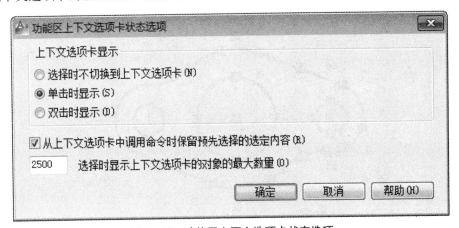

图 2 - 29 功能区上下文选项卡状态选项

2.5.2 选择对象的常用方法

在编辑图形时，首先需要选择被编辑的对象。输入一个图形编辑命令，命令行出现"选择对象："提示，鼠标变成一正方形选框，这时可根据需要选择对象，对象被选中的图形以虚线高亮显示，以区别其他图形。为了提高选择的速度和准确性，系统提供了多种选择对象的方法：①点选方式；②窗口选择方式；③窗交选择方式；④栏选方式；⑤全部选择方式；⑥删除与添加方式等。本节主要讲几个常用的方法。

（1）点选方式。

直接移动拾取框至被选对象上并单击鼠标左键，该对象即被选中，可以使用同样的方法连续选择多个对象，回车则结束对象选择。

（2）窗口选择方式。

在绘图区指定第一对角点后，从左向右拖动光标移至第二对角点，出现一实线矩形框为选择窗口，如图 2 - 30a 所示，完全包含在窗口内的所有对象被选中，与窗口相交的对象不在选中之列，如图 2 - 30b 所示。

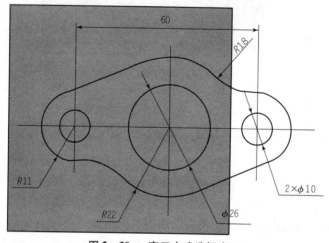

图 2 - 30a　窗口方式选择窗口

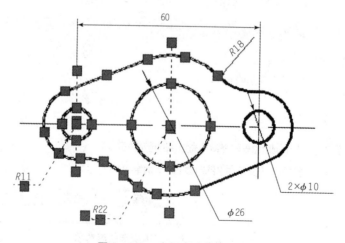

图 2 - 30b　窗口方式选择结果

（3）窗交选择方式。

在绘图区指定第一对角点后，从右向左拖动光标移至第二对角点，出现一虚线矩形框为选择窗口，如图 2 - 31a 所示，完全包含在窗口内和与窗口相交的所有对象被选中，如图2 - 31b 所示。

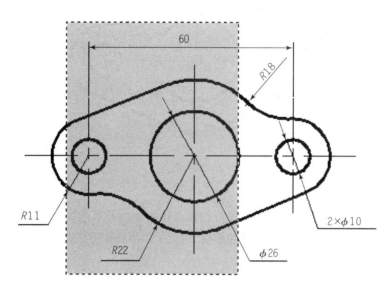

图 2 - 31a　窗交方式选择窗口

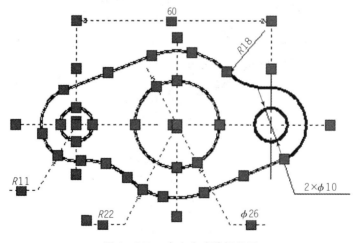

图 2 - 31b　窗交方式选择结果

2.5.3　夹点及夹点编辑

利用夹点可以很方便地完成一些常用的编辑操作，如：拉伸、移动、选择、缩放和镜像等。

1）夹点

夹点是对象上的控制点，又称为特征点。默认状态下，夹点是打开的。当选择对象时，在对象上显示出若干个小方框，这些小方框就是用来标记被选中的夹点，如图 2 - 32 所示。

使用夹点来编辑需要选择一个角点为基点，称为夹基点。被选择为夹基点的夹点呈红色，称为热点；未被选择为夹基点的夹点呈蓝色，称为冷点。

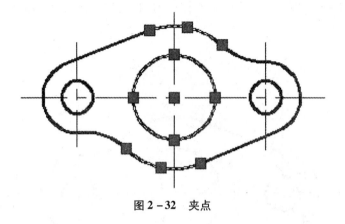

图 2 - 32 夹点

2）夹点编辑

选中一个夹点后，通过回车或空格进行切换，选择要进行的编辑操作，也可以单击鼠标右键，在弹出的快捷菜单中选择要进行的编辑，如图 2 - 33 所示。具体编辑方法在此就不详细介绍。

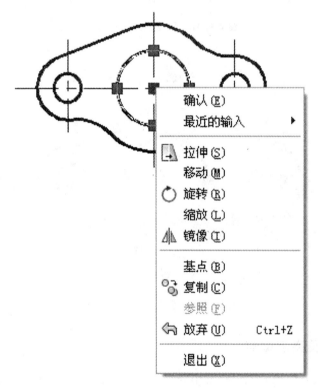

图 2 - 33 快捷菜单

2.6　修剪、延伸图形对象

2.6.1　修剪图形对象

修剪命令是绘图中常用的命令，按照指定的对象边界裁剪对象，将多余的部分去除裁剪掉。修剪对象既可以作为剪切边界，也可以是被修剪的对象。在进行修剪时，先选择修剪边界，再选择修剪对象。被选择的修剪边界或修剪对象可以相交也可不相交，也可以将对象修剪到投影边或延长线交点。

输入命令的方式：

- 单击菜单栏中的【修改】/【修剪】命令。
- 单击【修改】工具栏中的【修剪】按钮 ⊁ 。
- 命令行输入：trim ↙ 。

命令行提示：

当前设置：投影 = UCS，边 = 无

选择剪切边 ...

选择对象或 <全部选择>：

选择要修剪的对象，或按住 Shift 键选择要延伸的对象，或

[栏选（F）/窗交（C）/投影（P）/边（E）/删除（R）/放弃（U）]：

执行修剪命令操作步骤如下：

（1）执行修剪命令。

（2）单击鼠标左键选择修剪边界，可以指定一个或多个对象作为修剪边界，如图 2 - 34a 所示，单击鼠标右键或 ↙ ，完成修剪边界的选择。

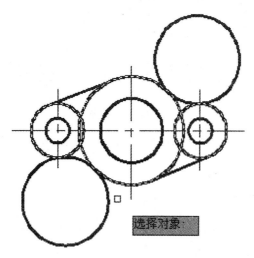

图 2 - 34a　指定修剪边界

（3）单击鼠标左键选择要修剪的部分（即最外边的两个圆）完成部分修剪，如图 2 - 34b 所示。

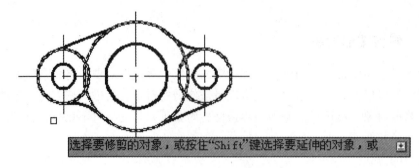

图 2 - 34b　完成部分修剪

（4）重复步骤（1），单击鼠标左键选择修剪边界，如图 2 - 34c 所示，单击鼠标右键或 ↙，完成修剪边界的选择。

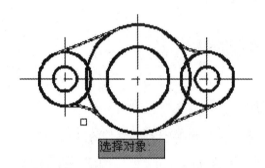

图 2 - 34c　选择修剪边界

（5）单击鼠标左键选择要修剪的部分完成修剪，如图 2 - 34d 所示。

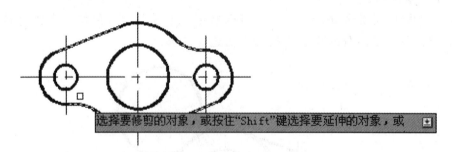

图 2 - 34d　完成修剪

★ 如果只进行简单修剪，执行修剪命，单击鼠标右键或按"Enter"键将图形中所有对象都作为修剪对象，直接单击要修剪的对象即可。

2.6.2　延伸图形对象

延伸对象和修剪对象的作用正好相反，可以将对象精确的延伸到其他对象定义的边界。该命令的操作步骤和修剪命令相似。在修剪命令中按住"Shift"键可以执行延伸命令，同时延伸命令中按住"Shift"键可以执行修剪命令。

输入命令的方式：

- 单击菜单栏中的【修改】/【延伸】命令。
- 单击【修改】工具栏中的【延伸】按钮 ╱┅ 。
- 命令行输入：extend（ex）↙。

命令行提示：

当前设置：投影＝UCS，边＝无

选择边界的边…

选择对象或 <全部选择>：

选择要延伸的对象，或按住"Shift"键选择要修剪的对象，或

[栏选（F）/窗交（C）/投影（P）/边（E）/放弃（U）]：

执行延伸命令操作步骤如下：

（1）执行延伸命令。

（2）选择延伸的边界，可以选择一个或多个对象作为延伸边界。作为延伸边界的对象，同时也可以作为被延伸的对象或直接单击鼠标右键或按"Enter"键，将图形中所有对象都作为延伸边界。

（3）选择要延伸的对象。

2.7　倒角及倒圆角

2.7.1　倒角

倒角命令用于以一条斜线连接两条非平行线的图线。倒角的方式有多种，在此只介绍几种常用的倒角方法。

输入命令的方式：

- 单击菜单栏中的【修改】/【倒角】命令。
- 单击【修改】工具栏中的【倒角】按钮 ◺ 。
- 命令行输入：chamfer（cha）↙。

方法一：距离倒角

距离倒角是系统默认倒角方式，通过指定两条图线上的倒角长度值来完成倒角。

命令行提示：

（"修剪"模式）当前倒角距离 1 = 0.000 0，距离 2 = 0.000 0

选择第一条直线或 [放弃（U）/多段线（P）/距离（D）/角度（A）/修剪（T）/方式（E）/多个（M）]：d↙

指定第一个倒角距离 <0.000 0>：

指定第二个倒角距离 <0.000 0>：

选择第一条直线或［放弃（U）/多段线（P）/距离（D）/角度（A）/修剪（T）/方式（E）/多个（M）］：

选择第二条直线，或按住"Shift"键选择要应用角点的直线：

距离倒角的步骤如下：

（1）执行倒角命令。

（2）选择第一条直线或［放弃（U）/多段线(P) /距离(D)/角度(A)/修剪（T）/方式(E) /多个（M）］：d ✓ 指定距离倒角方式。

（3）指定第一个倒角距离 <0.000 0>：4 ✓ 指定第一个倒角值。

（4）指定第二个倒角距离 <0.000 0>：4 ✓ 指定第二个倒角值。

（5）选择第一条直线或［放弃（U）/多段线（P）/距离（D）/角度（A）/修剪（T）/方式（E）/多个（M）］：指定第一条倒角线，如图2-35a 所示。

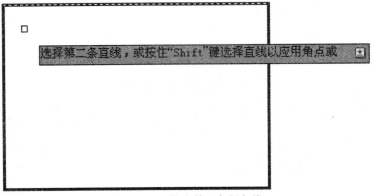

图2-35a　指定第一条倒角线

（6）选择第二条直线，或按住"Shift"键选择要应用角点的直线：指定第二条倒角线，如图2-35b 所示，完成倒角。

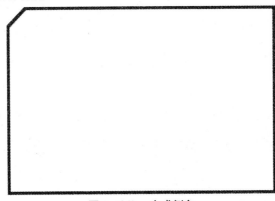

图2-35b　完成倒角

方法二：角度倒角

角度倒角是另外一种倒角方式，此方式需指定一条图线的倒角长度和倒角角度。

命令行提示：

（"修剪"模式）当前倒角距离 1 = 4.000 0，距离 2 = 4.000 0

选择第一条直线或〔放弃（U）/多段线（P）/距离（D）/角度（A）/修剪（T）/方式（E）/多个（M）〕：A✓ 指定角度倒角方式

指定第一条直线的倒角长度 <0.000 0>：

指定第一条直线的倒角角度 <0>：

选择第一条直线或〔放弃（U）/多段线（P）/距离（D）/角度（A）/修剪（T）/方式（E）/多个（M）〕：

选择第二条直线，或按住"Shift"键选择要应用角点的直线：

角度倒角的步骤如下：

（1）执行倒角命令。

（2）选择第一条直线或〔放弃（U）/多段线（P）/距离（D）/角度（A）/修剪（T）/方式（E）/多个（M）〕：A✓ 指定角度倒角方式。

（3）指定第一条直线的倒角长度 <0.000 0>：5✓ 指定倒角长度5。

（4）指定第一条直线的倒角角度 <0>：45✓ 指定倒角角度45°。

（5）选择第一条直线或〔放弃（U）/多段线（P）/距离（D）/角度（A）/修剪（T）/方式（E）/多个（M）〕：指定倒角的第一条线，如图 2 - 36a 所示。

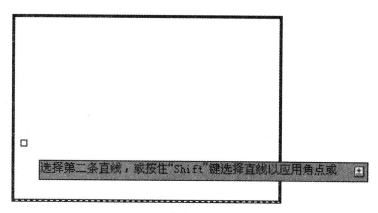

图 2 - 36a 指定倒角的第一条线

（6）选择第二条直线，或按住"Shift"键选择要应用角点的直线：指定倒角的第二条线，如图 2 - 36b 所示，完成倒角。

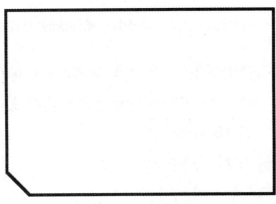

图 2 – 36b 完成倒角

系统提供了两种倒角边的修剪模式，即【修剪（T）】/【不修剪（N）】。

【修剪（T）】选项是用于设置倒角的修剪模式的。当倒角模式为【修剪（T）】时，被倒角的直线被修剪到倒角的端点，如图 2 – 36b 所示；此时，被倒角的直线不被修剪，如图 2 – 37 所示。

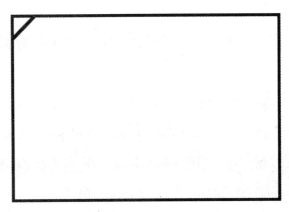

图 2 – 37 倒角模式为不修剪

2.7.2 倒圆角

圆角是按照指定的半径创建一条圆弧，或自动修剪或延伸要倒圆角的对象使之光滑连接。下面主要讲半径倒圆角的方法。

输入命令的方式：

- 单击菜单栏中的【修改】/【圆角】命令。
- 单击【修改】工具栏中的【圆角】按钮 ☐ 。
- 命令行输入：fillet（f）↙。

命令行提示：

当前设置：模式 = 修剪，半径 = 0.000 0

选择第一个对象或［放弃（U）/多段线（P）/半径（R）/修剪（T）/多个（M）］: r

↙ 执行半径圆角方式。

指定圆角半径 <0.000 0>：

选择第一个对象或［放弃（U）/多段线（P）/半径（R）/修剪（T）/多个（M）］：

选择第二条直线，或按住"Shift"键选择要应用角点的直线：

半径圆角步骤如下：

（1）执行圆角命令。

（2）选择第一个对象或［放弃（U）/多段线（P）/半径（R）/修剪（T）/多个（M）］：

r ✓　执行半径圆角方式。

（3）指定圆角半径 <0.000 0>：5 ✓　指定圆角半径值为"5"。

（4）选择第一个对象或［放弃（U）/多段线（P）/半径（R）/修剪（T）/多个（M）］：
指定倒圆角的第一个对象，如图 2-38a 所示。

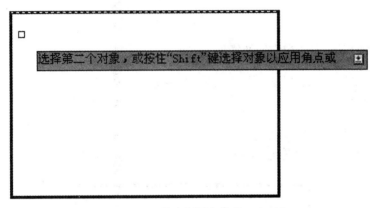

如图 2-38a　指定倒圆角的第一个对象

（5）选择第二条直线，或按住"Shift"键选择要应用角点的直线：　指定倒圆角的第
二个对象，如图 2-38b 所示，完成倒圆角。

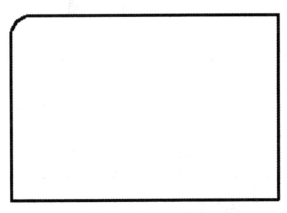

图 2-38b　完成倒圆角

2.8　镜像和偏移图形对象

2.8.1　镜像图形对象

镜像命令用于创建轴对称的图形。

输入命令的方式：

- 单击菜单栏中的【修改】／【镜像】命令。

- 单击【修改】工具栏中的【镜像】按钮 ◭ 。

- 命令行输入：mirror（mi）✓。

命令行提示：

选择对象：指定对角点：

选择对象：

指定镜像线的第一点：指定镜像线的第二点：

要删除源对象吗？［是（Y）／否（N）］＜N＞：

镜像步骤如下：

（1）执行镜像命令。

（2）选择对象：指定对角点：选择镜像对象，如图 2 – 39a 所示。

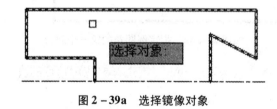

图 2 – 39a　选择镜像对象

（3）选择对象：✓　结束对象的选择。

（4）指定镜像线的第一点：指定镜像线的第二点：指定镜像线的两个端点，如图 2 – 39b 和图 2 – 39c 所示。

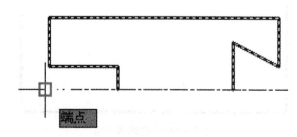

图 2 – 39b　指定镜像线的第一个端点

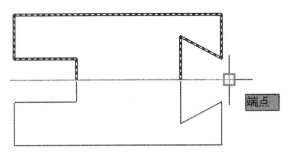

图 2 - 39c 指定镜像线的第二个端点

（5）要删除源对象吗？［是（Y）/否（N）］＜N＞：↙ 不删除源对象，完成图形镜像，如图 2 - 39d 所示。

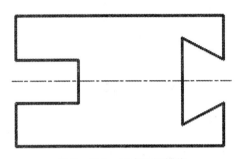

图 2 - 39d 完成图形镜像

2.8.2 偏移图形对象

偏移图形是创建一个与选定对象平行并保持等距的新对象。可偏移的对象包括直线、圆、圆弧、二维多段线等。

输入命令的方式：

- 单击菜单栏中的【修改】/【偏移】命令。
- 单击【修改】工具栏中的【偏移】按钮 ᠘ 。
- 命令行输入：offset（o）↙ 。

命令行提示：

当前设置：删除源 = 否 图层 = 源 OFFSETGAPTYPE = 0

指定偏移距离或［通过（T）/删除（E）/图层（L）］＜通过＞：

选择要偏移的对象，或［退出（E）/放弃（U）］＜退出＞：

指定要偏移的那一侧上的点，或［退出（E）/多个（M）/放弃（U）］＜退出＞：

执行偏移步骤如下：

（1）执行偏移命令。

（2）指定偏移距离或［通过（T）/删除（E）/图层（L）］＜0.0000＞：10 ↙ 指定偏移距离为"10"，如图 2 - 40a 所示。

图 2 - 40a 指定偏移距离

（3）选择要偏移的对象，或［退出（E）/放弃（U）］<退出>：指定偏移对象，如图 2 - 40b 所示。

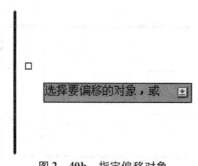

图 2 - 40b 指定偏移对象

（4）指定要偏移的那一侧上的点，或［退出（E）/多个（M）/放弃（U）］<退出>：指定偏移侧，如图 2 - 40c 所示，完成偏移，如图 2 - 40d 所示。

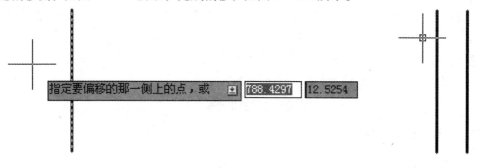

图 2 - 40c 指定偏移侧　　　　　　　　　图 2 - 40d 完成偏移

2.9 复制和移动图形对象

图形对象的编辑除了偏移和镜像外，还有其他命令。熟练掌握这些命令能熟练绘制图形，提高绘图效率。

2.9.1 复制图形对象

在进行二维绘制图形时，很多图形是相同的，若重复操作很烦琐，并且会降低工作效率。在 AutoCAD 中有复制命令就能提高工作效率，减少重复步骤。复制命令用于在不同的位置复制现有的对象。复制的对象完全独立于源对象，可以进行编辑或其他操作。

输入命令的方式：

- 单击菜单栏中的【修改】/【复制】命令。

- 单击【修改】工具栏中的【复制】按钮 ∞ 。

- 命令行输入：copy（co 或 cp）✓。

命令行提示：

选择对象：

选择对象：

当前设置： 复制模式 = 多个

指定基点或 ［位移（D）/模式（O）］＜位移＞：指定第二个点或 ＜使用第一个点作为

位移＞：

指定第二个点或 ［退出（E）/放弃（U）］＜退出＞：

执行复制步骤如下：

（1）执行复制命令。

（2）选择对象：指定复制对象，如图 2 - 41a 所示。

（3）选择对象：✓ 结束对象的选择。

（4）指定基点或 ［位移（D）/模式（O）］＜位移＞：指定第二个点或 ＜使用第一个点

作为位移＞：15 ✓ 指定基点，如图 2 - 41b 所示，并指定放置位移，如图 2 - 41c 所示。

图 2 - 41a　指定复制对象　　　　　　　　　图 2 - 41b　指定基点

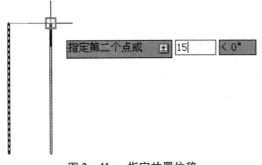

图 2 - 41c　指定放置位移

（5）指定第二个点或［退出（E）/放弃（U）］＜退出＞：完成复制，如图 2 - 41d 所示。

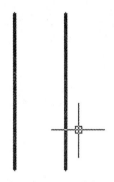

图 2 - 41d　完成复制

★ 复制命令执行过程中，基点确定后，当系统要求给定第二点时输入"@"，回车结束，则复制出的图形与原图形重合；当系统要求给定第二点时，直接回车，则复制出的图形与原图形的位移为基点到坐标原点的距离。

2.9.2　移动图形对象

在 AutoCAD 中，进行二维图形绘制时，如果绘制图形对象的位置需要改变，直接使用移动命令就可以。执行此命令时，根据系统提示要求指定基点，根据基点的定位来实现对象移动的精确定位。移动对象仅仅是位置的平移，并不改变对象的方向和大小。

输入命令的方式：

● 单击菜单栏中的【修改】/【移动】命令。

● 单击【修改】工具栏中的【移动】按钮 ✥。

● 命令行输入：move（m）✓。

命令行提示：

选择对象：

指定基点或［位移（D）］＜位移＞：　　指定第二个点或 ＜使用第一个点作为位移＞：

执行移动图形对象步骤如下：

（1）执行移动命令。

（2）选择对象：选择移动对象。

（3）选择对象：✓　确定对象的选择。

（4）指定基点或［位移（D）］＜位移＞：　　指定第二个点或 ＜使用第一个点作为位移＞：

选择移动基点，移动鼠标指定位移的第二点。

★ 如果在【指定第二点】提示下指定点，则按两点定义的矢量作为移动对象的距离和方向，若直接回车或单击右键，则第一点坐标值将被作为对象相对于 X、Y、Z 位移。

2.10　旋转和缩放图形对象

2.10.1　旋转图形对象

通过选择一个基点和一个相对或绝对的旋转角度即可选择对象，源对象可以删除也可以保留。指定一个相对角度将从对象的当前方向以相对角度绕基点旋转对象。默认设置时，角度值为正时逆时针方向旋转对象，角度值为负时顺时针旋转对象。

输入命令的方式：

- 单击菜单栏中的【修改】/【旋转】命令。
- 单击【修改】工具栏中的【旋转】按钮 ○ 。
- 命令行输入：rotate（ro）↙。

命令行提示：

UCS 当前的正角方向： ANGDIR = 逆时针 ANGBASE = 0

选择对象：指定对角点：

选择对象：

指定基点：

指定旋转角度，或 [复制（C）/参照（R）] <0>：

执行旋转图形对象的步骤如下：

（1）执行旋转图形命令。

（2）选择要旋转的图形对象，单击回车完成对象的选择。

（3）指定旋转中心，根据要求旋转角度。

如果不知道应该旋转的角度，可以采用参照旋转的方式。更为简单的方法是用鼠标选择要旋转的对象与之对齐的对象。

2.10.2　缩放图形对象

在图形绘制中，对于图形结构相同、尺寸不同且长宽方向缩放比例相同的零件。在设计完成一个图形后，其余可通过比例缩放图形完成。可以直接指定缩放的基点和缩放比例，也可以利用参照缩放指定当前的比例和新的比例长度。

输入命令的方式：

- 单击菜单栏中的【修改】/【缩放】命令。
- 单击【修改】工具栏中的【缩放】按钮 □ 。
- 命令行输入：scale（sc）↙。

命令行提示：

选择对象：指定对角点：

选择对象：

指定基点：

指定比例因子或［复制（C）/参照（R）］<1.000 0>：

执行缩放图形对象步骤如下：

（1）执行缩放图形对象命令。

（2）选择对象：指定对角点：选择缩放的对象。

（3）选择对象：↙　　　　　完成缩放对象的选择。

（4）指定基点：在绘图区指定对象的缩放基点。

（5）指定比例因子或［复制（C）/参照（R）］<1.000 0>：指定缩放比例，完成图形对象的缩放。

第三章　复杂平面图形的绘制与编辑

本章主要介绍 AutoCAD 的【绘图】和【修改】工具栏部分命令的功能和应用，包括绘制正多边形和样条曲线、绘制椭圆和椭圆弧、绘制多段线和绘制点、图案填充与编辑、阵列图形对象、断开和合并图形对象、拉伸和分解图形对象。如图 3－1 所示。

图 3－1　【绘图】和【修改】工具栏

3.1　绘制构造线和射线

向一个或两个方向无限延伸的直线（分别称为射线和构造线）可用作创建其他对象的参照。例如，可以用构造线查找三角形的中心、准备同一个项目的多个视图或创建临时交点用于对象捕捉。

无限长线不会改变图形的总面积。因此，它们的无限长标注对缩放或视点没有影响，并被显示图形范围的命令所忽略。和其他对象一样，无限长线也可以移动、旋转和复制。在打印之前，可能需要在可以冻结或关闭的构造线图层上创建无限长线。

3.1.1　绘制构造线

构造线（也称为 xline）可以放置在三维空间中的任意位置。可以使用多种方法指定它的方向。

输入命令的方式：

- 单击【绘图】工具栏中的【构造线】按钮 ![按钮]。
- 单击菜单栏中的【绘图】/【构造线】命令。
- 命令行输入：xline ↙。

命令行提示：

_ xline 指定点或 ［水平（H）/垂直（V）/角度（A）/二等分（B）/偏移（O）］

（1）指定点：指定两点定义方向。第一个点（根）是构造线概念上的中点，即通过"中点"对象捕捉捕捉到的点。

（2）水平（H）和垂直（V）：创建一条经过指定点（1）并且与当前 UCS 的 X 或 Y 轴平行的构造线。

（3）角度（A）：用两种方法中的一种创建构造线。或者选择一条参考线，指定那条直线与构造线的角度，或者通过指定角度和构造线必经的点来创建与水平轴成指定角度的构造线。

（4）二等分（B）：创建二等分指定角的构造线。指定用于创建角度的顶点和直线。

（5）偏移（O）：创建平行于指定基线的构造线。指定偏移距离，选择基线，然后指明构造线位于基线的哪一侧。

通过指定两点创建构造线的步骤如下：

（1）依次单击"常用"选项卡 ➤ "绘图"面板 ➤ "构造线" 。

（2）指定一个点以定义构造线的根。

（3）指定第二个点，即构造线要经过的点。

（4）根据需要继续指定构造线，所有后续参照线都经过第一个指定点。

（5）按"Enter"键结束命令。

3.1.2　绘制射线

射线是三维空间中起始于指定点并且无限延伸的直线。与在两个方向上延伸的构造线不同，射线仅在一个方向上延伸。使用射线代替构造线有助于降低视觉混乱。与构造线相同，显示图形范围的命令会忽略射线。

输入命令的方式：

- 单击菜单栏中的【绘图】/【射线】命令 。
- 命令行输入：ray ↙：

命令行提示：

"_xline"指定点：

指定通过点：

指定通过点：

"Enter"命令结束：

创建射线的步骤如下：

（1）依次单击"常用"选项卡 ➤ "绘图"面板 ➤ "射线" 。

（2）指定射线的起点。

（3）指定射线要经过的点。

（4）根据需要继续指定点创建其他射线，所有后续射线都经过第一个指定点。

（5）按"Enter"键结束命令。

3.2　绘制正多边形和样条曲线

3.2.1　绘制正多边形

多边形是指由若干条线段（至少三条线段）构成的封闭图形。由三条线段构成的封闭图形是三角形，由四条线段构成的封闭图形是四边形，由五条线段构成的封闭图形是五边形……这些多边形可以是规则的，也可以是不规则的。AutoCAD系统提供了专门用来绘制矩形和其他规则多边形的命令工具，这些规则多边形可以是等边三角形、正方形、正五边形、正六边形等，可以设置的边数范围为3～1 024个。

输入命令的方式：

- 单击【绘图】工具栏中的【正多边形】按钮 ⬠ 。
- 单击菜单栏中的【绘图】／【正多边形】命令。
- 命令行输入：polygon ↙（缩写 pol）。

命令行提示：

Polygon 输入边的数目＜4＞：

指定正多边形的中心点或边［边（E）］：

输入选项［内接于圆（I）外切于圆（C）］＜I＞：

指定圆的半径：

正多边形的绘制方法主要有3种：①绘制内接于圆的正多边形；②外切于圆的正多边形；③边长的正多边形，如图3－2所示。

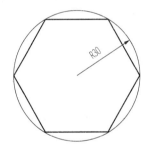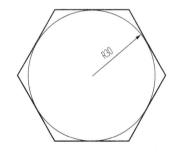

内接于圆的正多边形　　　　　　外切于圆的正多边形　　　　　　边长的正多边形

图3－2　正多边形的绘制方法

方法一：绘制内接于圆的正多边形

指定正多边形外接圆的半径，正多边形的所有顶点都在此圆周上。

绘制内接于圆的正多边形的步骤如下：

（1）执行绘制正多边形的命令。

（2）Polygon 输入边的数目＜4＞：6 ↙　指定正多边形边数"6"，如图3－3a所示。

图3－3a　指定正多边形边数

（3）指定正多边形的中心点或边［边（E）］：在绘图区指定任意点为正多边形的中心，如图 3 – 3b 所示。

图 3 – 3b　指定正多边形的中心

（4）输入选项［内接于圆（I）外切于圆（C）］<I>：选择【内接于圆】选项，也可以在命令行中输入 i✓，如图 3 – 3c 所示。

（5）指定圆的半径：50 ✓　指定圆的半径值"50"，如图 3 – 3d 所示。

图 3 – 3c　选择【内接于圆】选项

图 3 – 3d　指定圆的半径值

完成正六边形的绘制，如图 3 – 3e 所示。

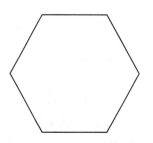

图 3 – 3e　内接于圆的正多边形的绘制

方法二：绘制外切于圆的正多边形

指定正多边形内切圆的半径，即正多边形中心点到各边中点的距离。

绘制外切于圆的正多边形的步骤如下：

（1）执行绘制正多边形的命令。

（2）Polygon 输入边的数目 <4>：输入正多边形的边数。

（3）指定正多边形的中心点或边［边（E）］：在绘图区指定正多边形的中心点。

（4）输入选项［内接于圆（I）外切于圆（C）］<I>：选择【外切于圆】选项，也可以在命令行中输入 C✓。

（5）指定圆的半径：指定半径值。

完成正多边形的绘制。

方法三：绘制边长的正多边形

指定正多边形一条边长的端点来绘制正多边形。

指定一条边长绘制正多边形的步骤如下：

（1）执行绘制正多边形的命令。

（2）Polygon 输入边的数目 <4>：输入正多边形的边数。

（3）指定正多边形的中心点或边［边（E）］：e✓　选择边长方式。

（4）指定边的第一个端点：在绘图区指定正多边形一条边长的起点。

（5）指定边的第二个端点：在绘图区指定正多边形一条边长的终点。

完成正多边形的绘制。

3.2.2　绘制样条曲线

样条曲线是一种特殊曲线，AutoCAD 使用的样条曲线是一种称为非均匀有理 B 样条的特殊曲线。通过指定一系列的控制点，它可以由起点、终点、控制点及偏差来控制曲线，至少有三点才能确定一条样条曲线，在机械制图中，常用样条曲线来表示零件图或者装配图中的局部剖视图的边界。AutoCAD 可以在指定的公差范围内把控制点拟合成光滑的非均匀有理 B 样条曲线，在样条曲线中，引入了公差的概念，即公差是表示样条曲线拟合所指定的拟合点集时的拟合精度。公差越小，样条曲线与拟合点越接近。当公差为 0 时，样条曲线将通过该点。在 AutoCAD 中可以通过指定点来绘制样条曲线，也可以将样条曲线起点和端点重合而形成封闭的图形。

输入命令的方式：

● 单击【绘图】工具栏中的【样条曲线】按钮 ～ 。

● 单击菜单栏中的【绘图】／【样条曲线】。

● 命令行输入：spline✓（缩写 spl）。

命令行提示：

指定第一个点或［方式（M）／节点（K）／对象（O）］：

输入下一点或［起点切向（T）／公差（L）］：

输入下一点或［端点切向（T）／公差（L）／放弃（U）］：

输入下一点或［端点切向（T）／公差（L）／放弃（U）／闭合（C）］：

通过指定控制点来绘制样条曲线的步骤如下：

（1）执行绘制样条曲线的命令。

（2）指定起点及起点切向：✓

（3）指定下一点：在绘图区中依次指定若干控制点，如图 3-4a 至图 3-4e 所示的点 1、点 2、点 3、点 4 和点 5。

（4）指定下一点或 ［闭合（C）拟合公差（F）］＜起点切向＞：↙ 结束控制点的指定。

（5）指定端点切向：↙ 如图 3-4e 所示。

完成样条曲线的绘制。

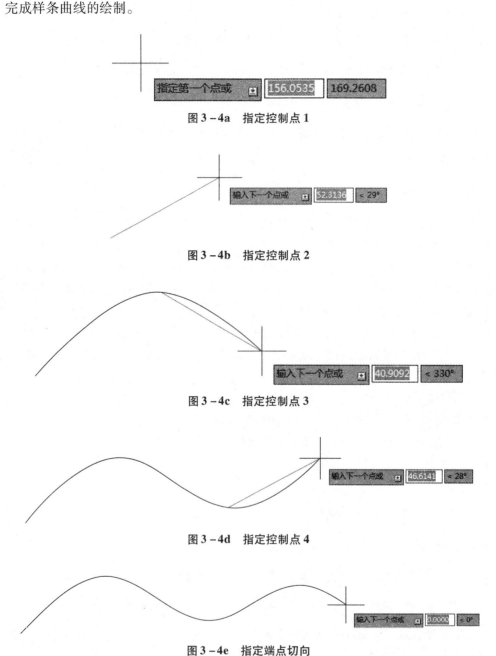

图 3-4a 指定控制点 1

图 3-4b 指定控制点 2

图 3-4c 指定控制点 3

图 3-4d 指定控制点 4

图 3-4e 指定端点切向

★ 选择命令提示中的【对象（O）】，可将已知的线段拟合为样条曲线。

★ 指定起点切向时输入 ↙ 表示默认样条曲线的起点切向。

★ 指定端点切向时输入 ↙ 表示默认样条曲线的端点切向。

3.3　绘制椭圆和椭圆弧

椭圆的中心到圆周上的距离是变化的。椭圆由定义其长度和宽度的两条轴决定，其中较长的轴称为长轴，较短的轴称为短轴。在数学描述中，常用长半轴和短半轴两个参数来描述椭圆。

椭圆弧是椭圆中的一部分图形。

3.3.1　绘制椭圆

绘制椭圆主要有两种方法：①使用端点和距离绘制椭圆；②使用中心坐标绘制椭圆。

输入命令的方式：

- 单击【绘图】工具栏中的【椭圆】按钮 ◯ 。
- 单击菜单栏中的【绘图】/【椭圆】。
- 命令行输入：ellipse ↙（缩写 el）。

命令行提示：

指定椭圆的轴端点或［圆弧（A）／中心点（C）］：

指定轴的另一个端点：

指定另一条半轴长度或［旋转（R）］：

方法一：使用端点和距离绘制椭圆

第一条轴的第一个端点到另一个端点的距离为长轴的长度，长轴的中点为椭圆的圆心。

使用端点和距离绘制椭圆的步骤如下：

（1）执行绘制椭圆的命令。

（2）指定椭圆的轴端点或［圆弧（A）/中心点（C）］：

　　在绘图区指定一点作为第一条轴的第一个端点。

（3）指定轴的另一个端点：100 Tab 45 ↙　如图 3 – 5a 所示。

（4）或［旋转（R）］：50 ↙　指定另一条半轴长度值"50"，如图 3 – 5b 所示。

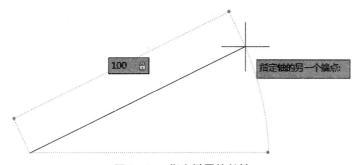

图 3 – 5a　指定椭圆的长轴

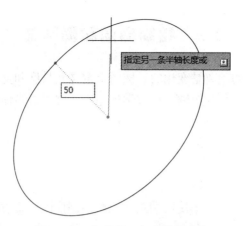

图 3 – 5b　指定另一条半轴长度值

方法二：使用中心坐标绘制椭圆

指定椭圆的圆心，再指定椭圆的长半轴的长度和短半轴的长度。

使用中心坐标来绘制椭圆的步骤如下：

（1）执行绘制椭圆的命令。

（2）指定椭圆的轴端点或 ［圆弧 （A） /中心点 （C）］：C ↙　　如图 3 – 6a 所示。

（3）指定椭圆的中心点：在绘图区指定一点为椭圆的中心点。

（4）指定轴的端点：300 Tab 40 ↙　指定一条半轴的端点，如图 3 – 6b 所示。

（5）指定另一条半轴长度或 ［旋转 （R）］：50 ↙　指定另一条半轴长度值 "50"，完成椭圆的绘制，如图 3 – 6c 所示。

图 3 – 6a　指定椭圆的中心点

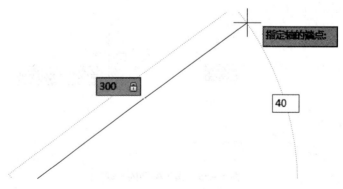

图 3 – 6b　指定一条半轴的端点

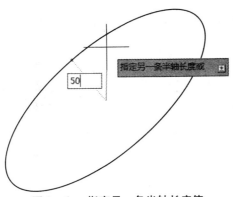

图 3 - 6c　指定另一条半轴长度值

3.3.2　绘制椭圆弧

绘制椭圆弧主要有两种方法：①使用端点、距离和角度绘制椭圆弧；②使用中心坐标绘制椭圆弧。绘制椭圆弧与绘制椭圆的步骤大致相同，不同之处是绘制椭圆弧还需指定起始角度和指定终止角度。

输入命令的方式：

- 单击【绘图】工具栏中的【椭圆弧】按钮 ⌒ 。
- 单击菜单栏中的【绘图】／【椭圆弧】。
- 命令行输入：ellipse ↙（缩写 el）。

命令行提示：

指定椭圆的轴端点或［圆弧（A）/中心点（C）］：a

指定椭圆弧的轴端点或［中心点（C）］：

指定轴的另一个端点：

指定另一条半轴长度或［旋转（R）］：

指定起始角度或［参数（P）］：

指定终止角度或［参数（P）/包含角度（I）］：

使用起点和端点角度绘制椭圆弧的步骤如下：

（1）　执行绘制椭圆弧的命令。

（2）　指定椭圆弧的轴端点或［中心点（C）］：在绘图区指定一点为轴的第一个端点。

（3）　指定轴的另一个端点：100 Tab 0 ↙　如图 3 - 7a 所示。

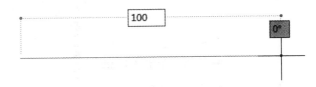

图 3 - 7a　指定椭圆的长轴

（4）指定另一条半轴长度或［旋转（R）］：30 ✓ 如图 3 - 7b 所示。

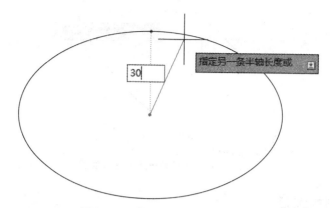

图 3 - 7b 指定另一条半轴长度值

（5）指定起始角度或［参数（P）］：30 ✓ 如图 3 - 7c 所示。

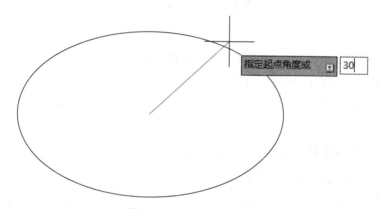

图 3 - 7c 指定起始角度

（6）指定终止角度或［参数（P）/包含角度（I）］：270 ✓ 完成椭圆弧的绘制，如图 3 - 7d 所示。

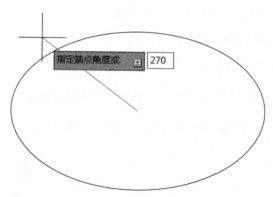

图 3 - 7d 指定终止角度

★ 椭圆弧是从起点到端点按逆时针方向绘制的，如图 3 - 7d 所示。

3.4 绘制多段线和点

多段线是 AutoCAD 中的一个对象。多段线可由直线和圆弧组成，可改变宽度绘制成等宽或不等宽的几何图素，由一次命令绘制的直线或圆弧是一个整体（复合图形）。

3.4.1 绘制多段线

输入命令的方式：

- 单击【绘图】工具栏中的【多段线】按钮 ⏗。
- 单击菜单栏中的【绘图】/【多段线】命令。
- 命令行输入：pline ↙（缩写 pl）。

命令行提示：

指定起点：

当前线宽为 0.000 0

指定下一个点或 [圆弧（A）/半宽（H）/长度（L）/放弃（U）/宽度（W）]：

继续指定下一个点，可绘制多条直线。

指定下一点或 [圆弧（A）/闭合（C）/半宽（H）/长度（L）/放弃（U）/宽度（W）]：

a ↙

输入 a ↙，可由绘制直线方式转为绘制圆弧方式，命令行提示：

指定圆弧的端点或：

[角度（A）/圆心（CE）/闭合（CL）/方向（D）/半宽（H）/直线（L）/半径（R）/

第二个点（S）/放弃（U）/宽度（W）]：

指定下一点或 [圆弧（A）/闭合（C）/半宽（H）/长度（L）/放弃（U）/宽度（W）]：

w ↙

输入 w ↙，指定线的宽度，命令行提示：

指定起点宽度 <0.000 0>：

指定端点宽度 <6.000 0>：

指定下一点或 [圆弧（A）/闭合（C）/半宽（H）/长度（L）/放弃（U）/宽度（W）]：

绘制多段线的步骤如下：

（1）执行绘制多段线的命令。

（2）指定起点：在绘图区指定任意点为多段线的起点，（当前线宽为 0.000）。

（3）指定下一个点或 [圆弧（A）/半宽（H）/长度（L）/放弃（U）/宽度（W）]：

50 ↙

光标水平向右，如图 3 – 8a 所示。

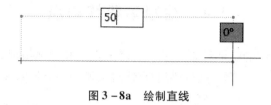

图 3 – 8a　绘制直线

（4）指定下一点或［圆弧（A）/闭合（C）/半宽（H）/长度（L）/放弃（U）/宽度（W）］：w↙　指定宽度，如图 3 – 8b 所示。

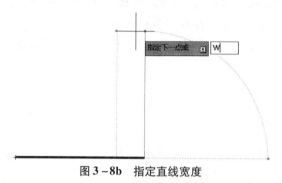

图 3 – 8b　指定直线宽度

（5）指定起点宽度＜0.000＞：2↙。

（6）指定端点宽度＜2.000＞：2↙。

（7）指定下一点或［圆弧（A）/闭合（C）/半宽（H）/长度（L）/放弃（U）/宽度（W）］：60↙　光标竖直向上，如图 3 – 8c 所示。

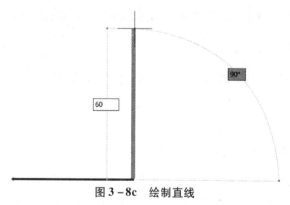

图 3 – 8c　绘制直线

（8）指定下一点或［圆弧（A）/闭合（C）/半宽（H）/长度（L）/放弃（U）/宽度（W）］：a↙　由绘制直线方式转为绘制圆弧方式，如图 3 – 8d 所示。

（9）指定圆弧的端点或［角度（A）/圆心（CE）/闭合（CL）/方向（D）/半宽（H）/直线（L）/半径（R）/第二个点（S）/放弃（U）/宽度（W）］：w↙　指定宽度，如图 3 – 8e所示。

图 3 - 8d　转换绘制方式

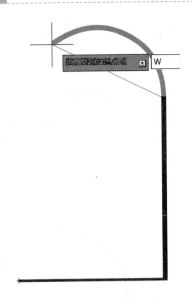

图 3 - 8e　指定圆弧宽度

（10）指定起点宽度 <2.000>：2 ↙。

（11）指定端点宽度 <2.000>：3 ↙。

（12）指定圆弧的端点或 ［角度 （A） /圆心 （CE） /闭合 （CL） /方向 （D） /半宽 （H） /直线 （L） /半径 （R） /第二个点 （S） /放弃 （U） /宽度 （W）］：50 ↙　光标向左，如图 3 - 8f 所示。

（13）指定圆弧的端点或 ［角度 （A） /圆心 （CE） /闭合 （CL） /方向 （D） /半宽 （H） /直线 （L） /半径 （R） /第二个点 （S） /放弃 （U） /宽度 （W）］：L ↙。

由绘制圆弧方式转为绘制直线方式，如图 3 - 8g 所示。

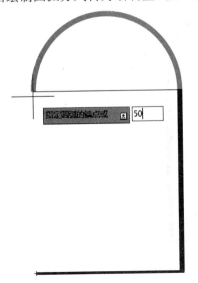

图 3 - 8f　指定圆弧的端点

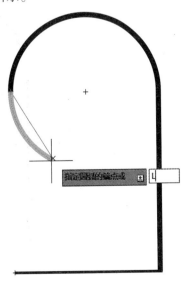

图 3 - 8g　转换绘制方式

（14）指定下一点或［圆弧（A）/闭合（C）/半宽（H）/长度（L）/放弃（U）/宽度（W）］: w ✔ 指定宽度，如图 3 - 8h 所示。

（15）指定起点宽度 ＜3.000＞: 1 ✔ 。

（16）指定端点宽度 ＜1.000＞: 1.5 ✔ 。

（17）指定下一点或［圆弧（A）/闭合（C）/半宽（H）/长度（L）/放弃（U）/宽度（W）］: c ✔ 闭合，如图 3 - 8i 所示。

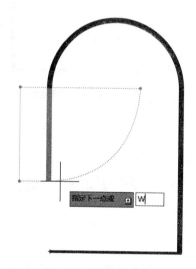

图 3 - 8h　指定直线宽度

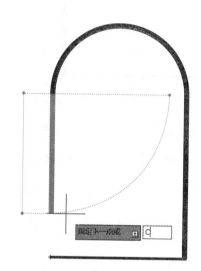

图 3 - 8i　绘制直线

完成多段线的绘制，如图 3 - 8j 所示。

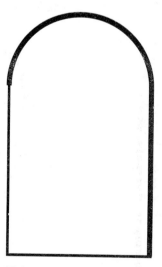

图 3 - 8j　完成多段线的绘制

3.4.2 点样式设置

AutoCAD 按设定的点样式在指定位置绘制点，或绘制定数等分点或定距等分点。在同一图形中，只能有一种点样式，当改变点样式时，该图形文件中所绘制的所有点的样式将随之改变。无论一次画出多少个点，每一个点都是一个独立的几何图素。

输入命令的方式：

- 单击菜单栏中的【格式】/【点样式】命令。

弹出【点样式】对话框，如图 3 - 9 所示。在【点样式】对话框中提供了 20 种点样式选项，需要选择其中的一种点样式。

需要时，可以指定点的大小，设置方式有两种：选择【相对于屏幕设置大小（R）】单选项，即按照屏幕尺寸的百分比设置点的显示大小，当执行显示缩放时，显示的点的大小不改变；选择【按绝对单位设置大小（A）】单选项，即按绝对单位设置点的大小，执行显示缩放时，显示的点的大小随之改变，单击【确定】按钮完成点样式的设置。

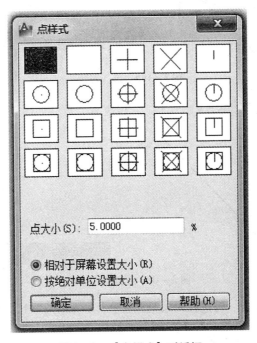

图 3 - 9 【点样式】对话框

3.4.3 绘制点

AutoCAD 提供了定数等分和定距等分两种方法等分对象。可以被等分的对象包括直线、弧、样条曲线、圆、椭圆、多段线等。执行等分命令后被等分对象还是一个整体，仅利用点或块来标明等分的位置。

输入命令的方式：

- 单击【绘图】工具栏中的【点】按钮 。
- 单击菜单栏中的【绘图】/【点】/【单点】或【多点】或【定数等分】或【定距等分】。

- 命令行输入：point ↙（缩写 po）。
- 命令行输入：divide（定数等分）。
- 命令行输入：measure（定距等分）。

方法一：绘制定数等分点

可以将指定的对象平均分为若干段，并利用点进行标识。该命令执行当中需要用户提供分段数，AutoCAD 根据对象总长度与分段数自动计算每段的长度。

绘制定数等分的步骤如下：

（1）执行绘制定数等分的命令。

（2）选择要定数等分的对象：在绘图区选择对象（直线），如图 3 – 10a 所示。

图 3 – 10a 选择对象

（3）输入线段数目或〔块（B）〕：5 ↙ 指定等分数，如图 3 – 10b 所示。

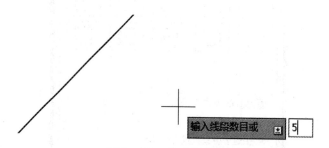

图 3 – 10b 指定等分数

完成定数等分点的绘制。若选择对象为圆弧亦然，如图 3 – 10c 所示。

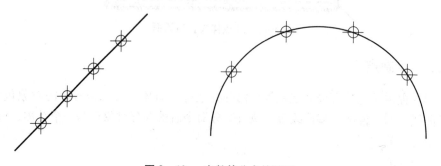

图 3 – 10c 定数等分点的绘制

方法二：绘制定距等分点

可以将指定的对象平均分为若干段，并利用点进行标识。该命令与定数等分不同的是在命令执行当中需要用户提供每段的长度，AutoCAD 根据对象总长度与每段长度自动计算分段数。

绘制定距等分点的步骤如下：

（1）执行绘制定距等分点的命令。

（2）选择要定距等分的对象：在绘图区选择对象（直线），如图 3 – 11a 所示。

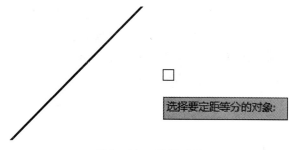

图 3 – 11a　选择对象

（3）指定线段长度或［块（B）］：10 ↙　指定定距值 "10"，如图 3 – 11b 所示。

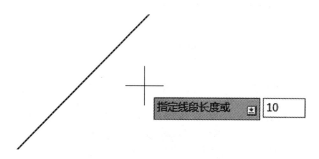

图 3 – 11b　指定定距值

完成定距等分点的绘制。若选择对象为圆弧亦然，如图 3 – 11c 所示。

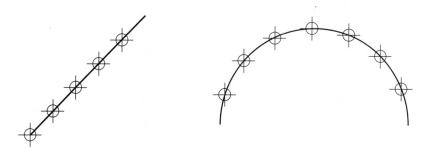

图 3 – 11c　定距等分点的绘制

★ 绘制单点或多点的方法和步骤很简单，执行绘制【点】的命令后，在绘图区指定点的位置即可。

★ 单击绘图工具栏中的【点】按钮 ▪ 或命令行输入：Point。这两种命令方式只能绘制单点或多点。

★ 块（B）为在等分点处插入块。

3.5 图案填充与编辑

3.5.1 图案填充的操作

在机械行业图样中，常常需要绘制剖视图或剖面图，在这些剖视图中，为了区分不同的零件剖面，常需要对剖面进行图案填充。填充图案是指选用某一个图案来填充封闭区域，从而使该区域表达一定的信息。在机械制图中，在金属零件的剖面区域填充的图案称为剖面线，该剖面线用与水平方向的锐角角度为 45°、间距均匀的细实线表达，向左或者向右倾斜均可。在同一金属零件的零件图中，剖面线方向与间距必须一致。AutoCAD 的图案填充功能是把各种类型的图案填充到指定区域中，用户可以自定义图案的类型，也可以修改已定义的图案特征。

输入命令的方式：

- 单击【绘图】工具栏中的【图案填充】按钮 ⌗ 。
- 单击菜单栏中的【绘图】/【图案填充】命令。
- 命令行提示输入：bhatch ↙ （缩写 bh）。

执行图案填充的步骤如下：

(1) 执行图案填充的命令，弹出【图案填充和渐变色】对话框，如图 3-12a 所示。

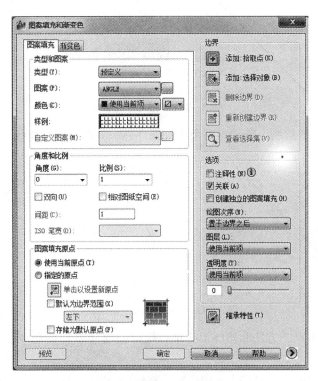

图 3-12a 【图案填充和渐变色】对话框

(2) 在【类型和图案】选项组的【图案】下拉列表框中，选择 ANSI31，如图 3-12b 所示。

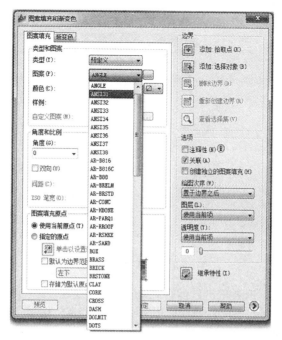

图 3 – 12b　【图案】下拉列表框

（3）在【角度和比例】选项组指定角度和比例值，这里设定角度为 0、比例为 2，如图 3 – 12c 所示。

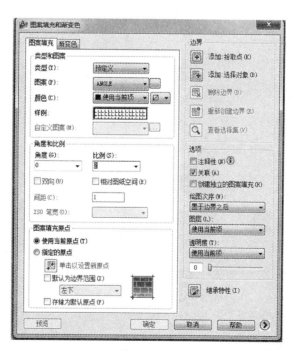

图 3 – 12c　【角度和比例】选项组

（4）在【边界】选项组中，单击【添加：拾取点】按钮 ，如图 3 – 12c 所示。

（5）返回到绘图区，在图形中的 4 个封闭区域分别单击一下，如图 3 – 12d 所示。

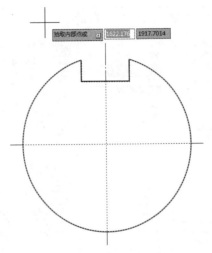

图 3-12d　指定封闭区域

（6）按"Enter"键，或者单击鼠标右键并在快捷菜单上选择【确定】选项。

（7）在【图案填充和渐变色】对话框中，单击【确定】按钮，即可在指定的区域绘制剖面线。如图 3-12e 所示。

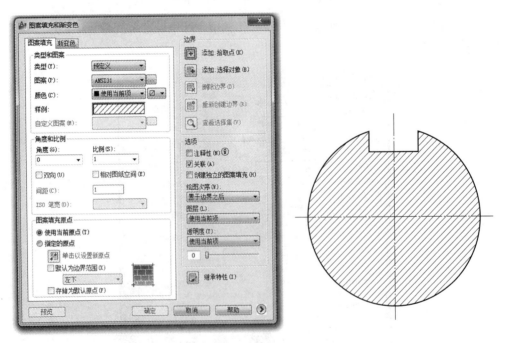

图 3-12e　完成绘制剖面线

【类型和图案】各选项的应用：

【类型（Y）】：下拉列表中有【预定义】、【用户定义】、【自定义】三个选项。【预定义】：指从 AutoCAD 的 acad · pat 文件中选择一种图案进行填充，是常用的方法。【用户定义】：该项允许用户用当前线型通过指定间距和角度自定义一个简单的图案。【自定义】：该项允许用户从其他的【· pat】文件中指定一种图案。

如果在【图案填充和渐变色】对话框中，单击【图案】列表框右侧的按钮，如图 3 - 13 所示。弹出如图 3 - 14 所示的【填充图案选项板】对话框。该对话框有 ANSI、ISO、【其他预定义】和【自定义】4 个选项卡，在这些选项卡中列出了 AutoCAD 2012 中自带的常用填充图案。注意，不同的选项卡具有不同的填充图案。可以在该对话框中选择需要的填图案，然后单击【确定】按钮。

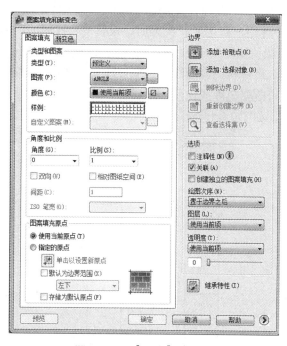

图 3 - 13   【图案】列表框

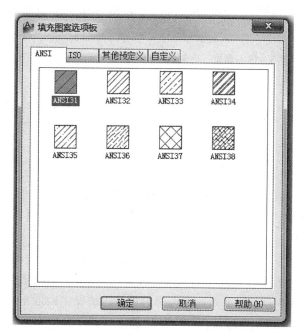

图 3 - 14   【填充图案选项板】对话框

【图案（P）】：下拉列表中有预定义的几十种工程图中常用的剖面图案。

【样例】：显示所选图案的预览图形。

【自定义图案（M）】：显示用户自定义的图案。

【角度和比例】：各选项的应用。

【角度（G）】：可输入填充图案与水平方向的夹角。

【比例（S）】：用于控制平行线间的间距，比值越大，图线间距越大。

【间距（C）】：用于【用户自定义】类型时，设置平行线间的距离。

【ISO 笔宽（O）】：当使用图案中的 ISO 图案时，设置平行线间的距离。

机械图样中常用的金属材料的剖面线为 ANSI31，非金属材料的剖面线为 ANSI37。选择图案类型后，根据需要可改变角度或比例。金属材料的角度常用的是 0°和 90°，比例数值越大，剖面线的间距越大，如图 3 – 15 所示。

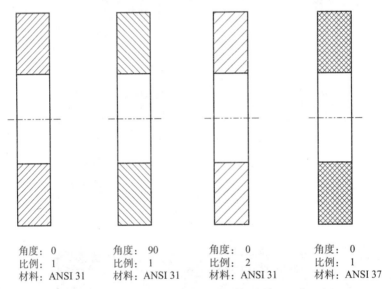

角度：0　　　　角度：90　　　　角度：0　　　　角度：0
比例：1　　　　比例：1　　　　　比例：2　　　　比例：1
材料：ANSI 31　材料：ANSI 31　材料：ANSI 31　材料：ANSI 37

图 3 – 15　角度、比例、材料不同设置的填充图案示例

【图案填充原点】：各选项的应用。

【使用当前原点（T）】：即使用当前 UCS 的原点作为图案填充的原点（默认）。

【指定的原点】：选中此项时，用户可单击【单击以设置新原点】按钮，到绘图区中选择一点作为图案填充的原点。

【边界】：各选项的应用。

【添加：拾取点】：单击此按钮后，将返回绘图区域在某封闭的填充区域中指定一点，单击右键或回车确认后，再返回图 3 – 12a 所示的对话框，单击【确定】按钮完成图案填充。

【添加：选择对象】：单击此按钮后，将返回绘图区域选择指定的对象作为填充的边界。用此按钮选择的填充边界可以是封闭的，也可以是不封闭的，用该按钮时，系统不检测内部对象（即忽略内部孤岛），必须手动选择内部对象，以确保正确填充。

【删除边界（D）】：可用于删除已选中的边界。

【重新创建边界（R）】：重新创建填充图案的边界。

【查看选择集（V）】：高亮显示图中已选中的边界集。

【选项】：各选项的应用。

【关联（A）】：当同时对几个实体边界进行图案填充时，选案相互关联。

【创建独立的图案填充（H）】：选中此项时，所同时填充的图案间相互无关。

【绘图次序（W）】：可以在图案填充之前给它指定绘图顺序。从下拉列表中可选择的项有：不指定、后置、前置、置于边界之后、置于边界之前等。如将图案填充置于边界之后可以更容易地选择图案填充边界，也可以在创建图案填充之后，根据需要更改它的绘图顺序。

【继承特性】：将已有填充图案的特性，复制给要填充的图案。

3.5.2 图案填充的编辑

图案填充的编辑有三种方法：①图案填充的修改；②图案填充的分解；③图案填充的修剪。

方法一：图案填充的修改

可修改填充图案的剖面线的类型、比例缩放、角度及填充方式等。

输入命令的方式：

- 单击某个已填充的图案，再单击鼠标右键从快捷菜单中选择【编辑图案填充】命令。
- 单击菜单栏中的【修改】/【对象】/【图案填充】命令。
- 命令行输入：hatchedit ↙。

修改图案填充的步骤如下：

（1）执行图案填充的修改命令，弹出图 3-12a 所示的【图案填充和渐变色】对话框。

（2）进行相应的修改。

（3）单击【确定】按钮即可。

方法二：图案填充的分解

一个区域的剖面线是一个整体图块，要想对一条剖面线进行编辑（如删除等），必须将这个整体图块分解为单个几何图素。

输入命令的方式：

- 单击【修改】工具栏中的【分解】按钮 。
- 单击菜单栏中的【修改】/【分解】命令。
- 命令行输入：explode ↙。

分解图案填充的步骤如下：

（1）执行图案填充的分解命令。

（2）在绘图区选择剖面线图块。

（3）单击鼠标右键或 ↙ 即可完成分解。

方法三：图案填充的修剪

利用修剪命令，可将已填充好的剖面线进行修剪。

输入命令的方式：

- 单击【修改】工具栏中的【修剪】按钮 。
- 单击菜单栏中的【修改】/【修剪】命令。

- 命令行输入：trim ✓。

修剪图案填充的步骤如下：

（1）执行图案填充的分解命令。

（2）在绘图区选择剪切边，单击右键确认修剪边界。

（3）再选择图案填充区域中要修剪的那个部分即可完成修剪。

修剪两矩形相交部分的剖面线，如图 3–16 所示。

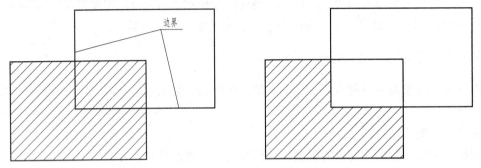

图 3–16　剖面线修剪示例

3.6　阵列图形对象

阵列是将选定的图形对象通过一次操作，快速生成按某种规则排列的相同图形对象。阵列图形对象的方式有矩形阵列、路径阵列和环形阵列三种。

输入命令的方式：

- 单击【修改】工具栏中的【阵列】按钮 ⊞ 。
- 单击菜单栏中的【修改】/【阵列】命令。
- 命令行输入：矩形阵列 arrayrect ，路径阵列 arraypath ，环形阵列 arraypolar。

弹出如图 3–17 所示的【阵列】对话框。

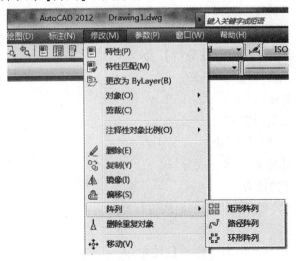

图 3–17　【阵列】对话框

3.6.1　矩形阵列

在矩形阵列中，项目分布到任意行、列和层的组合。

矩形阵列操作的步骤如下：

（1）执行矩形阵列命令。

（2）选择阵列对象，返回到绘图区选择要阵列的源图形对象，如图 3 – 18a 所示。

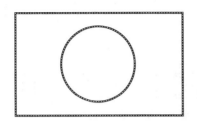

图 3 – 18a　选择对象

（3）设定矩形阵列的参数，在命令窗口中设置【基点（B）/角度（A）/计数（C）】参数，输入行数、列数，如图 3 – 18b 所示。

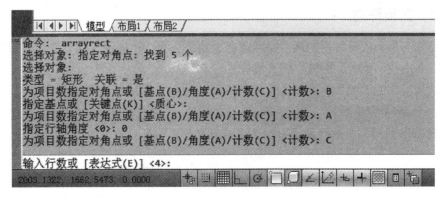

图 3 – 18b　设定矩形阵列的基点、角度、计数参数

（4）设定矩形阵列的参数，在命令窗口中设置【间距（S）】参数，指定行之间的距离、指定列之间的距离，如图 3 – 18c 所示。

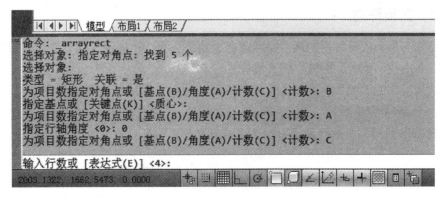

图 3 – 18c　设定矩形阵列的行、列之间的距离参数

（4）按"Enter"键接受，完成矩形阵列操作，如图 3 – 18d 所示。

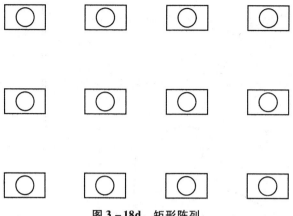

图 3 – 18d　矩形阵列

★【行之间的距离】：为正值，由源图形向上排列，为负值，由源图形向下排列，行偏移包括源图形的高度。

★【列之间的距离】：为正值，由源图形向右排列，为负值，由源图形向左排列，行偏移包括源图形的宽度。

★【角度（A）】：是指矩形阵列与当前基准线（如水平线）之间的角度。

3.6.2　路径阵列

在路径阵列中，项目将均匀地沿路径或部分路径分布。路径可以是直线、多段线、三维多段线、样条曲线、螺旋、圆弧、圆或椭圆。

路径阵列操作的步骤如下：

（1）执行路径阵列命令。

（2）选择阵列对象，返回到绘图区选择要阵列的源图形对象，如图 3 – 19a 所示。

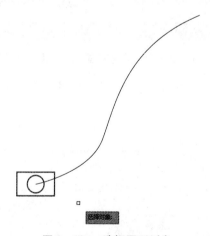

图 3 – 19a　选择图形对象

（3）设定路径阵列的参数，在命令窗口中设置【沿路径的项数/项目之间的距离】参数，指定沿路径的项数、沿路径的项目之间的距离，如图 3 – 19b 所示。

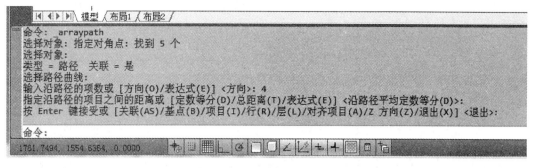

图 3 – 19b   设定路径阵列的项数、距离参数

（4）按"Enter"键接受，完成路径阵列操作，如图 3 – 19c 所示。

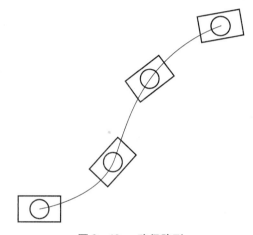

图 3 – 19c   路径阵列

3.6.3   环形阵列

在环形阵列中，项目将围绕指定的中心点或旋转轴以循环运动均匀分布。

环形阵列操作的步骤如下：

（1）执行环形阵列命令。

（2）选择阵列对象，返回到绘图区选择要阵列的源图形对象，如图 3 – 20a 所示。

图 3 – 20a   选择图形对象

（3）设定环形阵列的参数，在命令窗口中设置【阵列的中心点/基点（B）】参数，指定中心点、基点，如图 3 - 20b 所示。

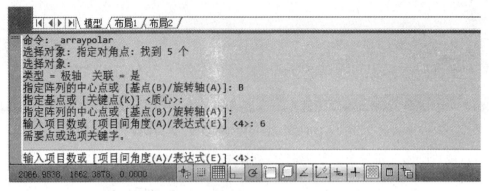

图 3 - 20b　设定环形阵列的中心点、基点参数

（4）设定环形阵列的参数，在命令窗口中设置【项目数/项目间角度（A）】参数，指定阵列项目数、指定项目间角度，如图 3 - 20c 所示。

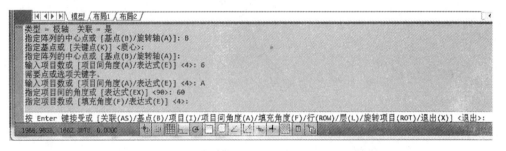

图 3 - 20c　设定环形阵列的项目数、项目间角度参数

（5）按 "Enter" 键接受，完成环形阵列操作，如图 3 - 20d 所示。

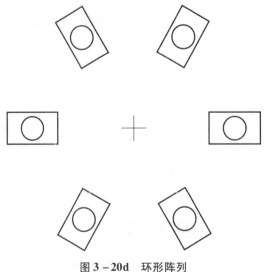

图 3 - 20d　环形阵列

3.7　断开与合并图形对象

3.7.1　断开图形对象

断开命令也是一个比较实用的图形编辑命令，利用该命令可以将一个图形对象打断为两个对象，对象之间可以具有间隙，也可以没有间隙。断开图形对象的方法有两种：①在一点打断选定的对象；②在两点之间打断选定的对象。

方法一：在一点打断选定的对象

在一点打断选定的对象，是将选定的对象断开为两段，每一段为一个独立的几何图素。

输入命令的方式：

- 单击【修改】工具栏中的【打断于点】按钮 ▢ 。
- 单击菜单栏中的【修改】／【打断】命令。
- 命令行输入：break ↙（缩写 br）。

命令行提示：

命令：_ break 选择对象：

指定第二个打断点 或 ［第一点（F）］：F

指定第一个打断点：

在一点打断选定的对象的步骤如下：

（1）执行在一点打断选定的对象的命令。

（2）**命令：_ break 选择对象**：在绘图区点选打断的对象（直线），如图 3－21a 所示。

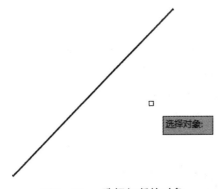

图 3－21a　选择打断的对象

（3）**指定第一个打断点**：在对象上指定一点为打断点（选择直线的中点），如图 3－21b 所示。

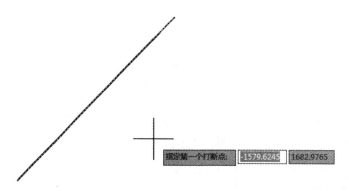

图 3 – 21b　指定打断点

完成后的效果如图 3 – 21c 所示，图中特意选择打断后的其中一个对象。

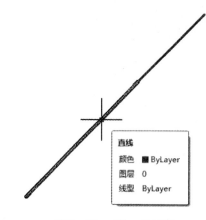

图 3 – 21c　在一点打断

方法二：在两点之间打断选定的对象

在两点之间打断选定的对象，是将选定的对象断开为两段，在两个断点之间的对象被删除。

输入命令的方式：

- 单击【修改】工具栏中的【在两点之间打断对象】按钮　。
- 单击菜单栏中的【修改】／【打断】命令。
- 命令行输入：break（缩写 br）。

命令行提示：

命令：_ break 选择对象：

指定第二个打断点 或 ［第一点（F）］:f

指定第一个打断点：

指定第二个打断点：

在两点之间打断对象的步骤如下：

（1）执行在两点之间打断对象的命令。

（2）**命令：_ break 选择对象：**在绘图区点选择打断的对象（直线），如图 3 - 22a 所示。

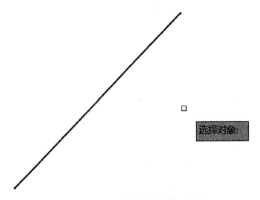

图 3 - 22a　选择打断的对象

（3）**指定第二个打断点 或［第一点（F）]：**f ↙　在对象上指定第一个打断点，如图 3 - 22b 所示。

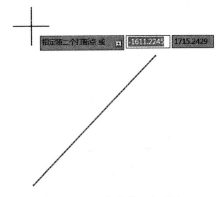

图 3 - 22b　指定第一打断点

（4）**指定第二个打断点：**在对象上指定第二个打断点，如图 3 - 22c 所示。

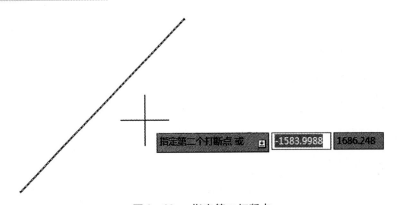

图 3 - 22c　指定第二打断点

完成后的效果如图 3 - 22d 所示，图形对象在两个断点之间被删除。

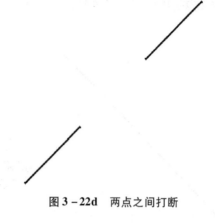

图 3 – 22d　两点之间打断

★ 当要打断的对象为圆（圆弧）时，打断（删除）的部分为从第一断点按逆时针方向的圆弧。

★ 在两点之间打断对象定义第二断点时，不一定在对象上选取，当在对象之外的区域单击时，第二断点为从单击处向对象所作垂线的垂足。

3.7.2　合并图形对象

该命令可以将任何数量的同一直线方向上的线段连接成一条线。原始的线段可以是相互交叠的，带缺口的或端点相连的，但必须是在同一直线方向上，对于圆弧段或椭圆弧段也是一样，它需要圆弧在同一圆周上。可以合并的图形包括直线、圆弧、多段线、样条曲线。

输入命令的方式：

- 单击【修改】工具栏中的【合并】按钮 ┼ 。
- 单击菜单栏中的【修改】/【合并】命令。
- 命令行输入：join（缩写 j）↙。

命令行提示：（合并的图形为直线）

命令：_ join 选择源对象：

选择要合并到源的直线：

选择要合并到源的直线：

命令行提示：（合并的图形为圆弧）

命令：_ join 选择源对象：

选择圆弧，以合并到源或进行［闭合（L）］：

选择要合并到源的圆弧：

执行合并图形对象的步骤如下（图形对象为直线）：

（1）执行合并的命令。

（2）选择要合并到源的直线：在绘图区选择选择合并的源对象，如图 3 – 23a 所示。

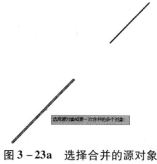

图 3 - 23a　选择合并的源对象

（3）选择要合并到源的直线：在绘图区选择合并到源对象中的一个或多个对象，如图 3 - 22b 所示。

图 3 - 23b　选择合并对象

完成合并操作，两条直线合并为一条直线，如图 3 - 23c 所示。

图 3 - 23c　合并图形对象

★ 当选择的源对象为直线时，要合并到源对象中的直线对象必须与源对象共线，它们之间可以有间隙，也可以无间隙。

★ 当选择的源对象为多段线时，要合并到源对象中的对象可以是直线、多段线或圆弧。对象之间不能有间隙，并且必须位于与 UCS 的 XY 平面平行的同一平面上。

★ 当选择的源对象为圆弧时，要合并到源对象中的圆弧对象必须位于同一假想的圆上，但是它们之间可以有间隙，也可以无间隙。而在当前命令行中选择【闭合（L）】选项可将源圆弧转换成圆。

★ 当选择的源对象为椭圆弧时，要合并到源对象中的椭圆弧对象必须位于同一椭圆上，但是它们之间可以有间隙，也可以无间隙。而在当前命令行中选择【闭合（L）】选项可将椭圆弧转换成完整的椭圆。

★ 当选择的源对象为样条曲线时，要合并到源对象中的样条曲线对象必须位于同一平面内，并且必须首尾相邻。

3.8　拉伸与分解图形对象

3.8.1　拉伸图形对象

拉伸是指移动和拉伸、压缩图形。使用拉伸工具时，选择图形对象须采用交叉窗口或交叉多边形的方式。如果将对象全部拾取，那么执行拉伸操作就如同执行移动图形的操作，如果只选择了部分对象，那么执行拉伸操作只移动拾取范围之内的对象的端点，从而使整个图形产生变化，值得注意的是，圆不能被拉伸或者压缩变形，而只能被移动。

输入命令的方式：

- 单击【修改】工具栏中的【拉伸】按钮 ⬚ 。
- 单击菜单栏中的【修改】／【拉伸】命令。
- 令行输入：stretch ✓（缩写 s）。

命令行提示：

以交叉窗口或交叉多边形选择要拉伸的对象…

选择对象：

选择对象：

指定基点或［位移（D）］＜位移＞：

指定第二个点或 ＜使用第一个点作为位移＞：

执行拉伸图形对象的步骤如下：

（1）执行拉伸图形对象的命令。

（2）以交叉窗口或交叉多边形选择要拉伸的对象…在绘图区选择要拉伸的对象，然后单击鼠标右键结束，如图 3－24a 所示。

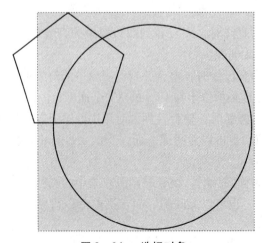

图 3－24a　选择对象

（3）**指定基点或［位移（D）］＜位移＞**：在绘图区指定基点（选择圆的圆心），如图 3 – 24b 所示。

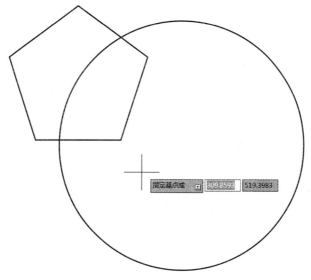

图 3 – 24b　指定基点

（4）**指定第二个点或 ＜使用第一个点作为位移＞**：在绘图区指定第二个点（任意点），则全部位于窗口中的图形对象移动从基点到第二个点的距离，而只有部分在窗口之内的图形对象被拉伸或者压缩从基点到第二个点之间的长度（圆例外），如果不给出第二点而直接按 ↙，则基点的坐标值便决定了位移量。如图 3 – 24c 所示。

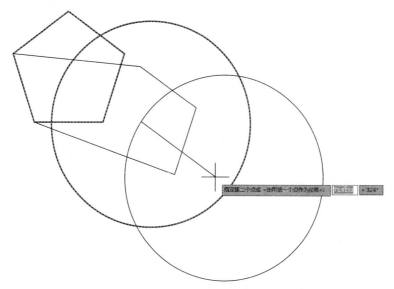

图 3 – 24c　指定第二个点

★ 如果以点选或窗口方式选择拉伸的对象，如图 3 – 24d 所示，那么执行拉伸操作就如同执行移动图形的操作，如图 3 – 24e 所示。

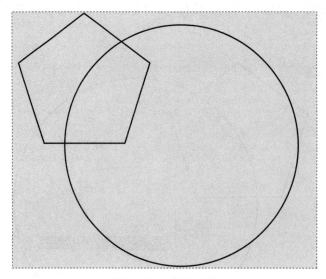

图 3 – 24d　选择对象

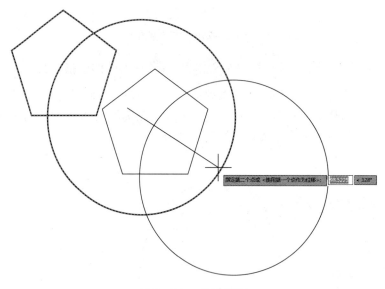

图 3 – 24e　拉伸操作

3.8.2　分解图形对象

在 AutoCAD 中，可以使用分解命令将矩形、正多边形、块、多段线、剖面线、尺寸等复合图形分解为若干个单独的几何图素。

输入命令的方式：

- 单击【修改】工具栏中的【分解】按钮 ⊡ 。
- 单击菜单栏中的【修改】/【分解】命令。
- 命令行输入：explode ✓。

命令行提示：

命令：_ explode

选择对象：

选择对象：

执行分解图形的步骤如下：

（1）执行分解图形的命令。

（2）选择要分解图形对象，可以多选，如图 3-25a 所示。

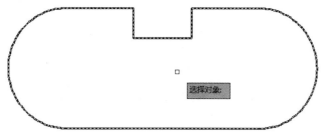

图 3-25a　选择图形对象

（3）按"Enter"键或单击鼠标右键即可完成分解，如图 3-25b 所示。

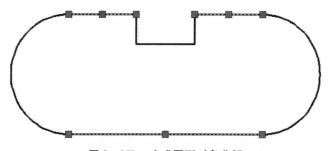

图 3-25b　完成图形对象分解

第四章　制订样板文件及绘制工程图样

绘制工程图样是 AutoCAD 绘图中最重要的应用，工程图样在机械制图中占有较大比例，使用频率较高。在绘制工程图样时，合理利用绘制方法和步骤可以节省大量的时间。一张完整的工程图样应包括图形、全部尺寸、各项技术要求和标题栏。

4.1　机械制图基础知识

机械制图是一项严谨而细致的工作，所完成的机械图样是设计和制造机械及其他产品的重要资料。对于机械图样的图形画法、尺寸标注等，都需要遵守相应的规范。机械制图的标准可分为国际标准（ISO）、国家标准（GB）、专业标准或部颁标准（航空标准 HB）和企业标准等。在实际工作中，由于技术交流需要，还有机会接触到其他国家标准。

工程图样是制造和检验零件用的图样，它的核心内容是如何用一组图形清晰、完整的表达零件。在确定工程图的表达方案时主要考虑两个方面，一是看图方便，二是画图简便。只有考虑了这两个方面，才能较好的确定工程图的表达方案，表达方案主要包括主视图的选择、视图数量和表达方法的选择等。

在使用 AutoCAD 进行工程制图前，需要根据标准或实际情况进行一项必要的设置，设置的内容包括图纸幅面及格式、绘图框、标题栏、字体、图线、文字样式、尺寸标注样式、引线样式等基本要素。

字体的基本要求是：字体工整、笔画清楚、间隔均匀、排列整齐。字体的高度（用 h 表示）的公称尺寸系列为：1.8 mm、2.5 mm、3.5 mm、5 mm、7 mm、10 mm、14 mm、20 mm。如果需要书写更大的字，其字体高度应按 $\sqrt{2}$ 的比率递增。字体高度代表字体的号数。汉字应写成长仿宋体字，并采用国家正式公布的简化字。汉字的高度 h 不应小于 3.5mm，其字宽一般为 $h/\sqrt{2}$。在同一图样上只允许选用一种形式的字体。字母和数字可写成斜体或直体。

比例是图中图形与其实物相应要素的线性尺寸之比。比例的种类有：原值比例（即 1:1）、放大比例（如 2:1 等）和缩小比例（如 1:2 等）。需要按比例绘制图样时，首先应由表 4-1"优先选择系列"中选取适当的比例；必要时，也可以从表 4-1"允许选择系列"中选取。为了从图样上直接反映出实物的大小，绘图时应尽量采用原值比例。因各实物的大小与结构千差万别，绘制图形时，应根据实际需要选取放大比例或缩小比例。绘图时不论采用何种比例，图样中所标注的尺寸数值必须是实物的实际大小，与图形的比例无关。

表 4 – 1 绘制图样比例系列

种类	优先选择系列	允许选择系列
原值比例	1:1	
放大比例	2:1 5:1 5×10^n:1 2×10^n:1 1×10^n:1	4:1 2.5:1 4×10^n:1 2.5×10^n:1
缩小比例	1:2 1:5 1:10 1:1×10^n 1:2×10^n 1:5×10^n	1:1.5 1:2.5 1:3 1:4 1:6 1:1.5×10^n 1:2.5×10^n 1:3×10^n 1:4×10^n 1:6×10^n
★ n 为正整数。		

4.2 图层设置与管理

4.2.1 对象特性及图层

AutoCAD 中绘制的每一个图形对象都有自己的基本特性，主要有颜色、线型和线宽。当选中某个图形对象时，在【特性】工具栏中就会显示出该对象的这三个基本特性，如图 4 – 1 所示。要修改某个图形对象的特性，只需选中该对象，单击【特性】工具栏中相关特性，并选择所需特性即可，如图 4 – 1 所示为修改颜色。

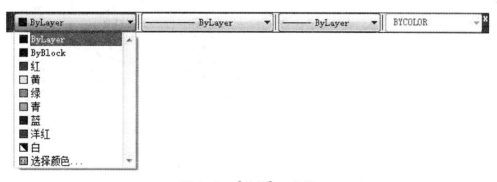

图 4 – 1 【特性】工具栏

在工程制图中，一幅标准工程图不止一种图线，而是由多种图线组成的。这些图线有不同的颜色、线型和线宽。如图 4 – 2 所示，需要绘制一个简单的剖视图，至少需要用到粗实线、剖面线、中心线及尺寸线这几种图线。

如果不进行任何设置，直接绘制该视图，则完成后的结果如图 4 – 3 所示，所有图线都一样，没有区别。这样的图线是不符合工程制图标准的。要对该视图进行修改，可以通过以下步骤来进行：

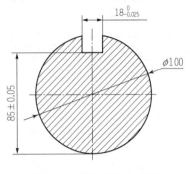

图 4-2 符合标准的视图

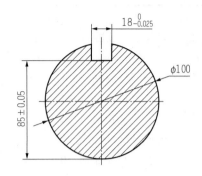

图 4-3 不符合标准的视图

（1）选中该视图的轮廓线，单击【特性】工具栏中的【线宽】选项，如图 4-4 所示，选择相应的线宽，比如"0.5 mm"，则将轮廓线宽度修改为 0.5 mm。

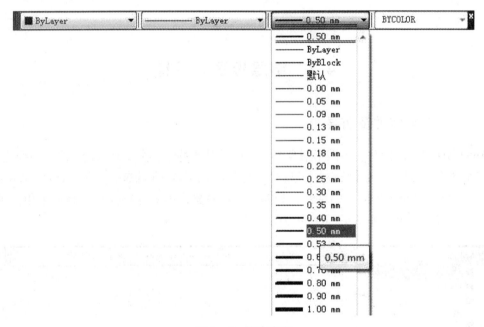

图 4-4 修改线宽

（2）选中两条中心线，单击【特性】工具栏中的【线宽】选项，修改中心线的线宽为轮廓线的一半"0.25 mm"，再单击【特性】工具栏中的【线型】选项，将线型修改为中心线。如图 4-5 所示。如果在此没有所需的线型，则选择"其他"选项，在打开的对话框中选择。

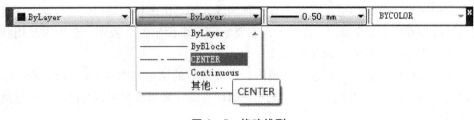

图 4-5 修改线型

（3）选中一个尺寸和剖面线，单击【特性】工具栏中的【线宽】选项，将其线宽修改为轮廓线的一半"0.25 mm"。

通过上面的例子可以看出，用户可以通过改变图形对象的特性来修改所绘制的图形。但是，这只是对于简单图形可以如此操作，如果图形比较复杂，图线很多，在绘制过程中采用该方法进行修改是比较烦琐的。

为了更加方便的设置和管理不同类型的图素，AutoCAD 引入了图层。读者可以把图层理解为透明的胶片，每张胶片就是一个图层，每一个图层都规定了该图层上对象的颜色、线型、线宽，绘图时不同特性的对象在不同图层上绘制，因此具有不同的特性，最后再将这些图层重叠在一起，因为图层是透明的，因此用户看到的就是完整的包含多个图层的视图。如图 4-6 所示，对于图 4-2，用户可创建粗实线、剖面线、中心线和尺寸线 4 个图层，粗实线层上绘制轮廓线，中心线层上绘制两条中心线，剖面线层上绘制剖面线，尺寸线层上标注尺寸，最后再将该 4 个图层重叠，得到的就是如图 4-2 所示的剖视图。

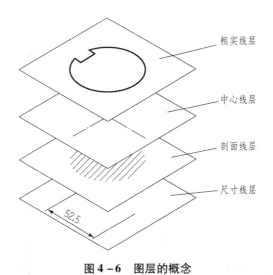

粗实线层

中心线层

剖面线层

尺寸线层

52.5

图 4-6　图层的概念

采用图层后，用户可以方便快捷地利用图层对视图对象进行修改，控制其特性，特别是对于复杂视图的管理更为有效。

4.2.2　图层的设置

每次启动软件后，AutoCAD 都会自动默认一个图层，其名称为"0"，该图层在使用过程中不能被删除，也不能被重命名。用户可以根据自己的设计需要，创建若干个自己的图层，不同的图层设置不同的特性，如颜色、线型、线宽等，可大大地方便使用，提高绘图的效率。

启动【图层特性管理器】即可创建新的图层，或者对现有图层进行修改和管理。

调用【图层特性管理器】的方法有：

● 单击【图层】工具栏中的【图层特性管理器】按钮 ▦ 。

● 单击菜单栏中的【格式】/【图层】命令。

● 命令行输入：layer ↙（缩写 la）。

执行该命令后，会弹出如图 4-7 所示的【图层特性管理器】对话框。

图 4-7 【图层特性管理器】对话框

在该对话框内可以看到，当前已有图层为系统默认的不能删除和重命名的图层"0"。一般情况下不使用该图层。

创建新图层的步骤如下：

（1）单击【图层特性管理器】对话框中的【新建图层】按钮 ，如图 4-8a 所示，建立一个新的图层，新图层以临时名称"图层1"命名，并出现在列表中，其特性均与图层"0"一致。

（2）单击新图层的"名称"位置，将其名称修改为"粗实线"。

（3）单击该图层的"颜色"位置，弹出图 4-8a 所示的【选择颜色】对话框，为该图层指定颜色。

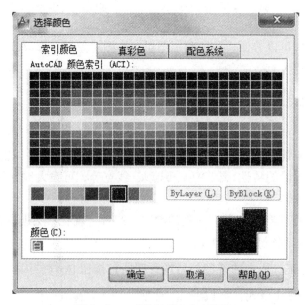

图 4-8a 【选择颜色】对话框

（4）该图层默认线型是"Continous"（连续），适用于"粗实线"，可不做修改。如果要选择其他线型，单击该图层的"线型"位置，弹出图4-8b所示的【选择线型】对话框，如果该对话框内没有所需线型，择单击【加载】按钮，在弹出的【加载或重载线型】对话框中进行选择。如图4-8c所示。

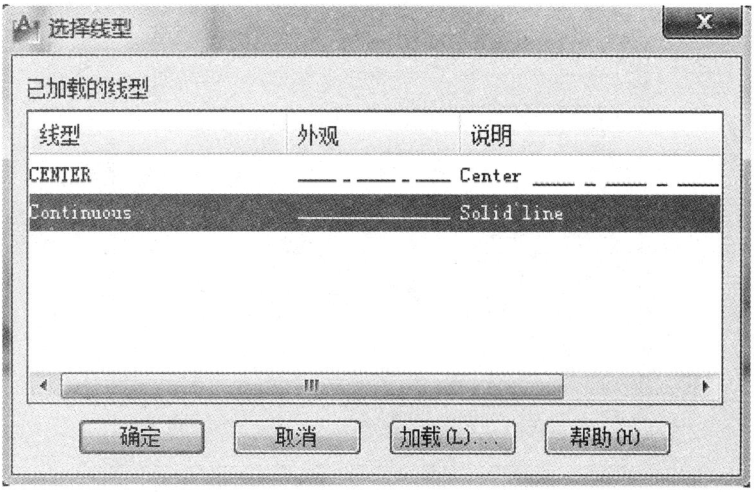

图4-8b　【选择线型】对话框

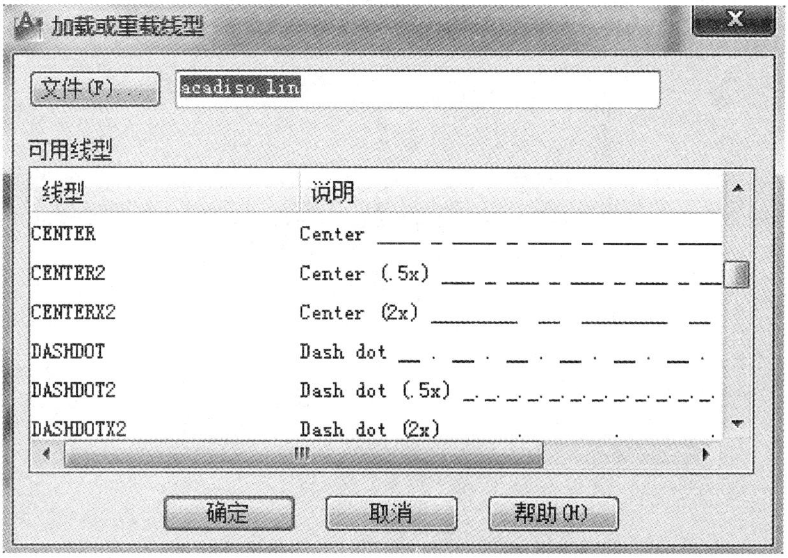

图4-8c　【加载或重载线型】对话框

（5）单击该图层的"线宽"位置，弹出图4-8d所示的【线宽】对话框，指定该图层的线宽为0.5 mm。（注：线宽可根据实际需要来指定，一般粗线是细线宽度的两倍）

（6）如果还需要创建其他图层，再重复上述操作。如图4-8e所示，共创建了6个图层，各图层有不同的特性，对于一般的机械工程图，这些图层基本够用。此处之所以将各图层颜色设置的不同是为了在绘图过程能很轻易地对不同对象进行区分，特别是当图形复杂，线条较多时，设置不同的显示颜色对于编辑修改很有好处。

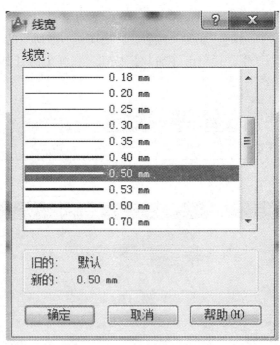

图 4 - 8d 【线宽】对话框

（7）最后单击【确定】按钮，完成图层设置并关闭对话框。

图 4 - 8e 【图层特性管理器】对话框

建立图层，设置颜色、线型和线宽见表 4 - 2。

表 4 - 2 图层名称、线型、颜色和线宽设置

图层名称	颜色	线型	线宽
粗实线	白	Continuous	0.5
细实线	白	Continuous	0.25
中心线	红	Center	0.25
虚线	洋红	Hidden	0.25
尺寸线	绿	Continuous	0.25
剖面线	青	Continuous	0.25

图层创建完成后，在【图层】工具栏的下拉列表中可以看到所创建的图层。如图4-8f所示。在此选中某图层即可使用该图层绘制图形，也可以选中已有的图形对象，然后打开该下拉列表，改变所选对象所属图层。

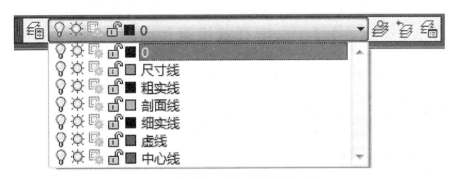

图4-8f 【图层】工具栏下拉列表

4.2.3 图层的管理及应用

每一个工程图样都是由若干的图层构成的，对于图层及图层上的对象，AutoCAD可以对其进行控制和管理。如图4-8f所示，在每一个图层前都有4个图标按钮，分别对应的是图层的开/关、冻结/解冻、在当前视口冻结/解冻、锁定/解锁。可单击这些按钮实现相关功能的切换。也可在图4-8e所示【图层特性管理器】对话框中单击相应的按钮进行切换。

1）图层的开/关

开/关图层用于控制该图层上的对象显示/不显示。其控制按钮是。单击该按钮，图层关闭，再次单击，图层打开。有时因图形复杂，线条繁多，在进行编辑修改时容易看错。此时可先将无关的图层关闭，只显示需要修改的对象。如果关闭的是当前图层，系统会出现一个提示框，单击【确定】即可，此时被关闭的图层仍然能用，但是在图层上绘制的对象是看不见的。

2）图层的冻结/解冻

冻结/解冻图层可以看做是开/关和锁定/解锁的结合。其控制按钮是。图层一旦冻结，则该图层上的对象被隐藏，而且不能被修改。被冻结的图层在解冻之前是不能使用的，当前图层不能被冻结。

在当前视口冻结/解冻功能需要在布局空间里使用，其控制按钮是，其功能与冻结/解冻相同。

3）图层的锁定/解锁

锁定/解锁图层可控制该图层上的对象能否被修改。其控制按钮是。锁定的图层上的对象显示为灰色，而且不能被修改。锁定的图层仍可使用，在锁定图层上新绘制的图形也会显示为灰色，不能修改。

4）图层的打印/不打印

该功能用于控制图层能否被打印，只能在【图层特性管理器】中用控制按钮控制。在使用图层过程中，对于某个图形对象的特性用户最好都不要通过【特性】工具栏中的下拉列表来修改其颜色、线型、线宽，因为这样修改会造成线型、线宽和颜色的混乱。【特性】工具栏中显示的对象特性一般都用"Bylayer"随层，也就是按图层设置的特性，这样会引起混乱。

4.3 文字样式设置及应用

绘制工程图样时，经常要注写文字，如技术要求、填写标题栏及注释说明等。AutoCAD提供了文字注写功能，用户通过使用文字可以标注工程图样中的非图形信息，标记图形的各个部分，对其进行说明或注释。

4.3.1 文字样式的设置

由于用途的多样性，AutoCAD 文本也有不同的类型。AutoCAD 提供了文字样式，用于控制图形中所使用文字的字体、高度和宽度系数等。用户可以通过设置文本样式来改变字符的显示效果。在输入文字对象前，应先设置好相应的文字样式，并将所要使用的文字样式置为当前。在一幅图形中可以定义多种文字样式，以适合不同对象的需要。

系统默认的文本类型为 Standard，它使用的字体文件为"txt.shx"，Standard 样式用于多行文字注写时可显示出汉字，但用于单行文字注写时不能显示出汉字，出现的是"???"。

输入命令的方式：

- 单击【样式】工具栏中的【文字样式管理器】按钮 。
- 单击菜单栏中的【格式】／【文字样式】命令。
- 命令行输入：style ↙（缩写 st）。

弹出【文字样式】对话框，如图 4-9 所示。

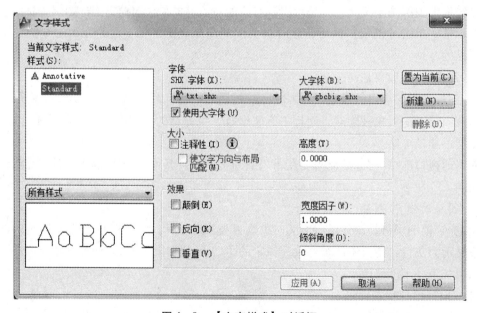

图 4-9 【文字样式】对话框

1）新建文字样式

新建文字样式的步骤如下：

（1）执行文字样式的设置命令。

（2）在弹出的【文字样式】对话框中单击【新建（N）】按钮，如图4-9所示。

（3）弹出图4-10所示的【新建文字样式】对话框，将【样式名】文本框中"样式1"改为"工程字5"，单击【确定】按钮，返回【文字样式】对话框。

图4-10　【新建文字样式】对话框

（4）选中"工程字5"样式，在对话框的【字体】选项组的【字体名（F）】下拉列表中选择"gbeitc．shx"字体，用于标注斜体英文、数字字体，也可选择"gbenor.shx"字体，用于标注正体英文、数字字体，如图4-11所示。

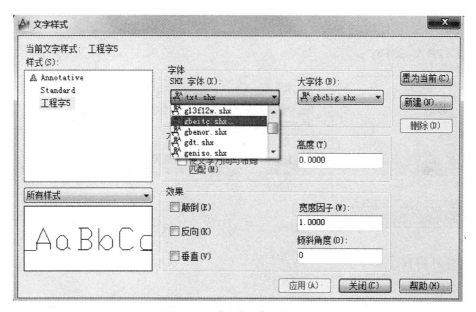

图4-11　【字体名】下拉列表

（5）选择【使用大字体（U）】复选框，在【大字体（B）】下拉列表中选择"gbcbig. sbx"字体，用于标注符合国家制图标准的中文字体，如图4-12所示。

（6）在【文字样式】对话框的【大小】选项组中的【高度（T）】文本框中输入5，高度用于设置输入文字的高度。如果默认高度为0，则表示不对字体高度进行设置，每次用该样式输入单行文字时，AutoCAD都将提示输入文字的高度，输入多行文字时则按默认文字高度。按以上方法设置的文字样式符合制图国家标准的要求。然后单击【应用（A）】按钮完成新文字样式的设置，如图4-13所示。

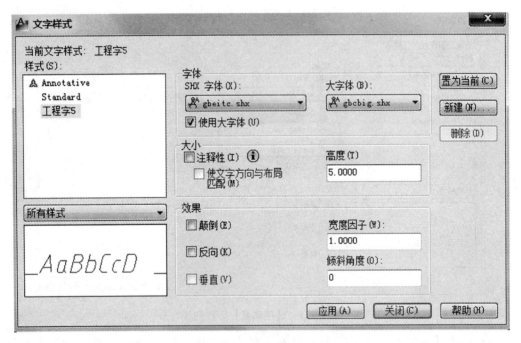

图 4-12   【大字体】下拉列表

图 4-13   【高度】文本框

　　按照同样方法可设置"工程字 4""工程字 7"两种文字样式，"工程字 4"高度为 4，"工程字 7"高度为 7。

　　【注释性】复选框，用于指定图纸空间视口中的文字方向与布局方向匹配，暂不选择。

　　【颠倒（E）】：选中该复选框，则将文字上下颠倒显示，机械图样中一般不用。

　　【反向（K）】：选中该复选框，则将文字左右反向显示，机械图样中一般不用。

【垂直（V）】：选中该复选框，则将文字垂直排列显示，机械图样中一般不用。

【宽度因子（W）】：在该文本框中可输入文字的宽度比例系数，一般按默认值1。

【倾斜角度（O）】：在该文本框中可输入文字的倾斜角度，一般按默认值0。

可按以上方法定义不同的文字样式。已经定义好的文字样式还可以进行重命名、修改样式设定。

★ 可删除已定义的但没有用过的文字样式。

2）设置当前文字样式

设置当前文字样式的步骤如下：

（1）单击【样式】工具栏中的【文字样式管理器】按钮 ，在弹出的【文字样式】对话框中的【样式（S）】列表中选择一种文字样式，单击【置为当前（C）】按钮，然后单击【关闭（C）】按钮，如图 4 – 14 所示。

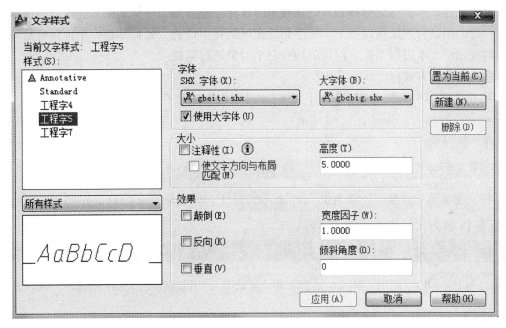

图 4 – 14 【文字样式】对话框

（2）在【样式】工具栏中的【文字样式控制】下拉列表选择一种文字样式可设置当前文字样式，如图 4 – 15 所示。

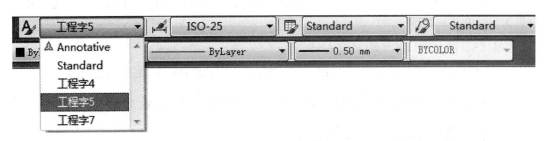

图 4 – 15 【文字样式控制】下拉列表

3）修改文字样式

单击【样式】工具栏中的【文字样式管理器】按钮 ，在弹出的【文字样式】对话框中的【样式（S）】列表中选择一种文字样式，然后进行相应的参数修改，再单击【应用（A）】按钮完成文字样式的修改。

4.3.2　注写单行文字

文字也可以看作是一种特殊的二维基本图形。AutoCAD 提供了两种注写文字的方式，一般情况下，当输入较少的文字时，使用单行文字。

在【样式】工具栏中的【文字样式控制】下拉列表选择一种文字样式设置为当前文字样式，由"单行文字"命令也可以注写多行当前文字样式的文字，按"Enter"键可换行输入（类似于在 Word 中输入文字），使用"单行文字"命令创建文字的过程中，可以随时改变文本的位置，只要将光标移到新的位置单击鼠标左键，则当前行结束，并在新的位置开始新的一行，用这种方法可以把文本标注到绘图区的任一位置。每行都是一个独立的对象。不能同时对几行文本进行编辑，但可单独对每个对象进行编辑。

输入命令的方式：

● 单击菜单栏中的【绘图】/【文字】/【单行文字】命令。

● 命令行输入：dtext ↙（缩写 dt）。

命令行提示：

当前文字样式：　"工程字 5"　文字高度：　5.000 0　注释性：否

指定文字的起点或［对正（J）/样式（S）］：j↙　提示文字的对正方式（文字的定位点），有 14 种方式供选择。

输入选项［对齐（A）/调整（F）/中心（C）/中间（M）/右（R）/左上（TL）/中上（TC）/右上（TR）/左中（ML）/正中（MC）/右中（MR）/左下（BL）/中下（BC）/右下（BR）］：

指定文字的旋转角度 <0>：

注写单行文字的步骤如下：

（1）在【样式】工具栏中的【文字样式控制】下拉列表选择"工程字 5"文字样式，设置为当前文字样式。

（2）执行注写单行文字的命令。

（3）当前文字样式：　"工程字 5"　文字高度：　5.000 0　注释性：　否

　　　指定文字的起点或［对正（J）/样式（S）］：在绘图区指定文字的起点。

（4）指定文字的旋转角度 <0>：0↙。

（5）选择一种文字输入法，便可像类似于在 Word 中输入文字那样进行注写单行文字。

（6）若要结束文字输入，可连续按两次"Enter"键便可退出注写单行文字。

文字注写默认的对正方式（文字的定位点）是【左下（BL）】方式。

【对齐（A）】：指定文字块的底线的两个端点为文字的定位点，系统将根据输入文字的多少自动计算文字的高度与宽度，使文字恰好充满所指定的两点之间。

【调整（F）】：底线同对齐（A）模式，但可指定字高，系统只调整字宽，使文字扩展或压缩至指定的两个点之间。

【中心（C）】：指定文字块的底线的中心为文字的定位点。

【中间（M）】：指定文字块的中心中心点为文字的定位点。

……

【样式（S）】：样式选项用于选择文字样式。

4.3.3　注写多行文字

多行文字由多数目的单行文字或段落组成，每一段文字构成一个对象，具有控制所注写文字的字符格式及段落文字的特性，可用于输入文字、分式、上下标、公差等，并可改变字体及大小。常使用多行文字注写较为复杂的文字说明。

输入命令的方式：

- 单击菜单栏中的【绘图】/【文字】/【多行文字】命令。
- 单击【绘图】工具栏中的【多行文字】按钮 。
- 命令行输入：mtext ↙（缩写 mt）。

单击鼠标左键在绘图区指定一个注写文字的区域后，出现多行文字编辑器【文字格式】对话框，如图 4 - 16 所示。

图 4 - 16　【文字格式】对话框

命令行提示：

命令：_ mtext 当前文字样式："工程字 5"文字高度：5　注释性：否

指定第一角点：

指定对角点或 [高度（H）/对正（J）/行距（L）/旋转（R）/样式（S）/宽度（W）/栏（C）]：

注写多行文字的步骤如下：

（1）执行注写多行文字的命令。

（2）指定第一角点：在绘图区指定第一角点。

（3）指定对角点或 [高度（H）/对正（J）/行距（L）/旋转（R）/样式（S）/宽度（W）/栏（C）]：在绘图区指定对角点，由这两个角点确定的矩形区域就是"文字显示区"。

（4）弹出【文字格式】对话框和"文字显示区"两个部分（【文字格式】对话框和"文字显示区"称为多行文字编辑器）。【文字格式】对话框从左自右依次为文字样式、字体、字高、加粗、倾斜、下划线、撤消、分式、颜色，利用【文字格式】对话框可设置文字样式、插入特殊符号和编辑文本等。"文字显示区"主要用来输入和编辑文字。

（5）选择一种文字输入法，便可像类似于 Word 中在文字显示区输入多行文字，如图4－17所示。

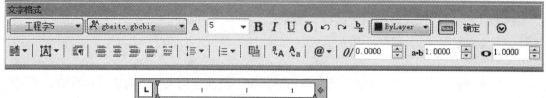

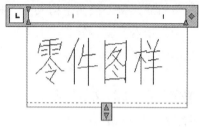

图4－17　注写多行文字

（6）单击【文字格式】对话框中的【确定】按钮，完成多行文字的注写。

【高度（H）】：用于指定文字的高度。

【对正（J）】：用于确定所标注文本的对齐方式。选择此项，系统提示：

输入对正方式［左上（TL）／中上（TC）／右上（TR）／左中（ML）／正中（MC）／右中（MR）／左下（BL）／中下（BC）／右下（BR）］：这些对齐方式与"单行文字"命令中的各对齐方式相同。

【行距（L）】：用于确定多行文字的行距。选择此项，命令行提示：

输入行距类型［至少（A）／精确（E）］＜至少（A）＞："至少（A）"方式下，系统将根据每行文本中最大的字符自动调整行间距；"精确（E）"方式下，可输入一个数值确定行间距。

【旋转（R）】：用于确定文本行的倾斜角度。

【样式（S）】：用于确定当前的文字样式。

【宽度（W）】：用于指定多行文本的宽度。

【栏（C）】：用于指定多行文字对象的栏选项。

以上各选项功能也可在多行文字编辑器中，通过相应的功能按钮进行设置。多行文字编辑器的界面与 Microsoft 的 Word 编辑器界面类似，里面包含了很强的文字格式功能。

在绘制机械工程图样时，有时需要插入一些特殊字符，比如直径符号"φ"、角度符号"°"、正负符号"±"等。在 AutoCAD 中这些特殊的字符有以下几种注写方式。

注写方式一：以控制码的方式由键盘直接输入到"文字显示区"中，控制码由两个百

分号外加一个字符构成，例如：控制码"％％D"对应符号"°"，"％％C"对应符号"φ"，"％％P"对应符号"±"，"％％％"对应符号"％"等。

注写方式二：在【文字格式】对话框中单击按钮 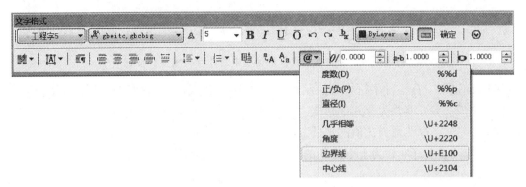，系统打开符号列表，如图4－18所示。可以从符号列表中选择所需特殊字符输入到"文字显示区"中。

图4－18 【文字格式】对话框的符号列表

注写方式三：在"文字显示区"中单击鼠标右键，在弹出的快捷菜单中选择【符号】便显示符号列表，如图4－19所示。可以从符号列表中选择所需特殊字符输入到"文字显示区"中。

图4－19 符号列表

在绘制机械工程图样时，除了需要插入一些特殊字符，有时还需要插入一些分数、上下标、公差等特殊字符形式，这需要使用【文字格式】对话框中的【字符堆叠】按钮 ，。如图 4 - 20 所示。字符堆叠是对分数、上下标、公差的一种位置控制方式。

图 4 - 20　【文字格式】对话框中的【字符堆叠】按钮

在 AutoCAD 中有 3 种字符堆叠控制码："/""#" 和 "∧"，它们的应用说明如下：

（1）"/"：字符堆叠为分式的形式。

（2）"#"：字符堆叠为比值的形式。

（3）"∧"：字符堆叠为上下排列的形式（上下偏差值采用此形式）。

"分数字符形式"：例如输入 "H7/p6"，然后将其选中，单击【字符堆叠】按钮 即可。

"比值字符形式"：例如输入 "H7#p6"，然后将其选中，单击【字符堆叠】按钮 即可。

"公差字符形式"：例如输入 " + 0. 009 ∧ - 0. 021"，然后将其选中，单击【字符堆叠】按钮 即可。

"上标字符形式"：例如输入 "B3 ∧"，再选中 3 ∧，单击【字符堆叠】按钮 即可。

"下标字符形式"：例如输入 "A ∧ 2"，再选中 ∧ 2，单击【字符堆叠】按钮 即可，其效果如图 4 - 21a 所示。

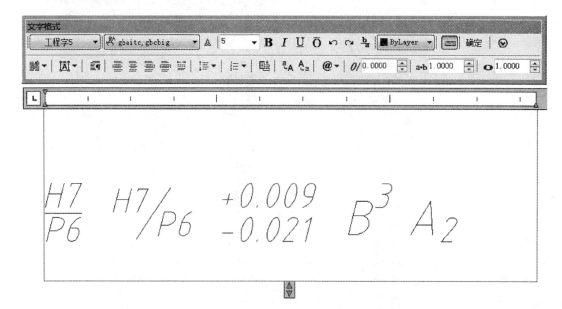

图 4 - 21a　分数、上下标、公差等特殊字符形式

特殊字符和公差形式输入的步骤如下：

（1）执行注写多行文字的命令，并在绘图区指定两角点，确定"文字显示区"后弹出【文字格式】对话框和"显示区"。

（2）在"文字显示区"中"％％C16 H7∧p6"。如图4-21b所示。

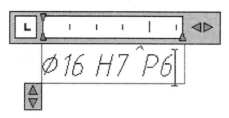

图4-21b 输入文字

（3）在"文字显示区"选中"H7∧p6"，在【文字格式】对话框中单击【字符堆叠】按钮 ，如图4-21c所示。

（4）单击【文字格式】对话框的【确定】按钮。

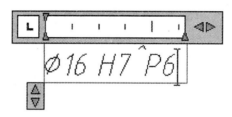

图4-21c 字符堆叠

4.4 绘制工程图标题栏

绘制自定义简易标题栏，如图4-22a所示的操作步骤：

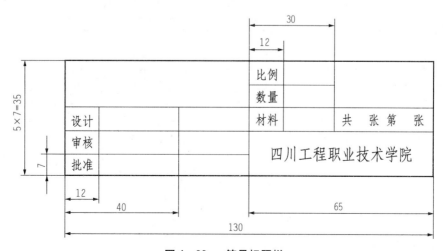

图4-22a 简易标题栏

（1）新建一个图形文件，在绘图区中绘制，如图 4 - 22b 所示的标题栏线框。使用的命令：【直线】命令、【偏移】命令和【修剪】命令。标题栏的外框为粗实线，框内的内部线为细实线。

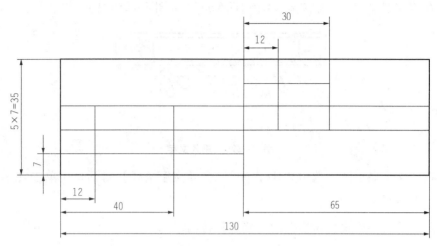

图 4 - 22b 绘制标题栏线框

（2）设置标题栏固定文字。

标题栏中的标注文字主要分为两种：一种是固定的文字，另一种是可变的文字（随零件不同而改变的文字）。下面以填写单位名称（"四川工程职业技术学院"）为例介绍固定文字的设置方法。

①在【绘图】工具栏中单击【文本】按钮 **A**，在标题栏中依次指定该框格的左上角和右下角点，弹出【文字格式】对话框，字体选择"工程字 7"，输入单位名称"四川工程职业技术学院"，如图 4 - 22c 所示。

图 4 - 22c 输入单位名称

②在【文字格式】对话框上单击【多行文字对正】按钮 **A** ，在下拉菜单中选择"正中 MC"命令，如图 4 - 22d 所示。

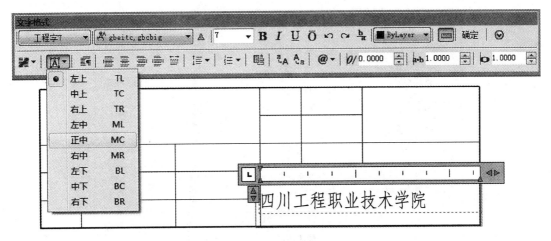

图 4 – 22d　设置文字对正

③单击【文字格式】对话框的【确定】按钮，完成固定文字的填写，如图 4 – 22e 所示。

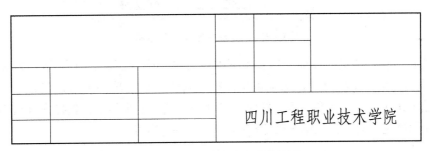

图 4 – 22e　完成固定文字的填写

④重复上述步骤选择"工程字 5"字体，完成其他固定文字的填写，如图 4 – 22f 所示。

			比例		
			数量		
设计			材料	共　张　第　张	
审核				四川工程职业技术学院	
批准					

图 4 – 22f　其他固定文字的填写

（3）设置标题栏可变文字。

下面以设置"图号"为例，介绍设置标题栏可变文字的方法。

①单击菜单【绘图】／【块】／【定义属性】命令，弹出【属性定义】对话框，如图 4 – 23a 所示。

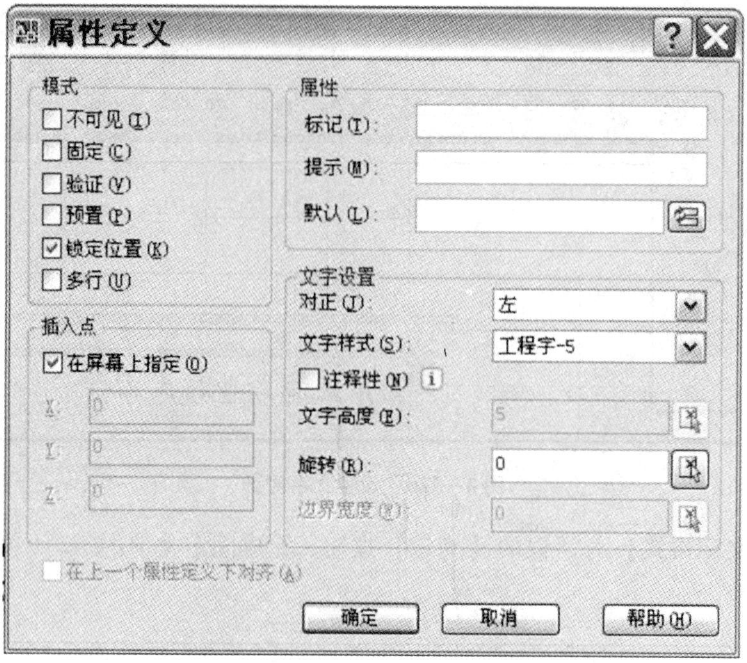

图 4-23a 【属性定义】对话框

②在【属性】选项组的【标记】文本框中输入"（图号）"，在【提示】文本框中输入"输入图样号"。在【文字设置】选项组中，在【对正】的选项组中选择"正中"，从【文字样式】选项组中选择"工程字5"选项。在【插入点】选项组中，选择在【屏幕上指定】复选框，在属性定义对话框上单击确定按钮，如图 4-23b 所示。

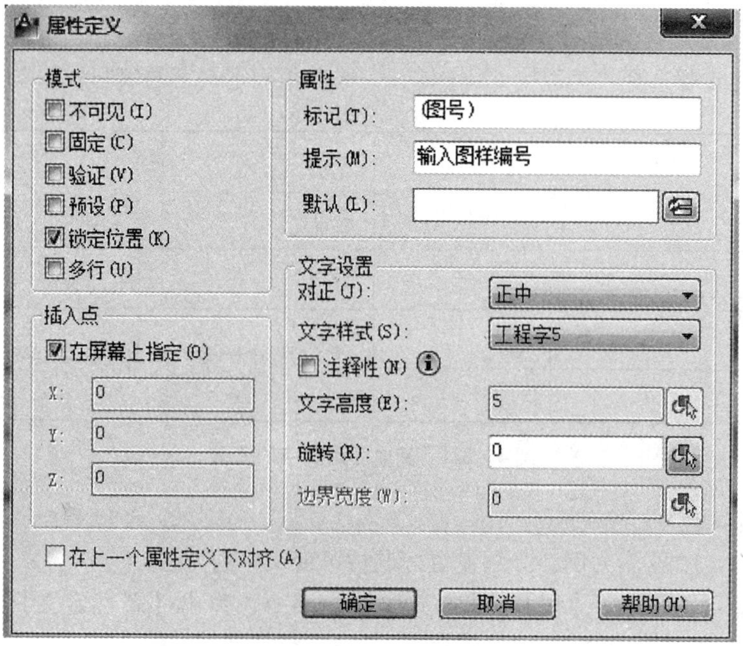

图 4-23b 设置图号

③在绘图区的标题栏中选择插入点，如图4－23c所示。

		比例		（图号）
		数量		
设计		材料		共 张 第 张
审核		四川工程职业技术学院		
批准				

图4－23c 插入图号

④重复上述操作步骤，设置其他属性，如图4－23d所示。

	比例	（比例）	（图号）
（图名）	数量	（数量）	
设计	材料	（材料）	共 张 第 张
审核	四川工程职业技术学院		
批准			

图4－23d 设置其他属性

（4）把设置好的标题栏保存为绘图文件，以备创建图框时调用。

4.5　尺寸标注基础知识

尺寸是机械工程图的重要组成部分。尺寸标注的正确和合理与否，都将直接反映着图纸的设计质量。若尺寸有遗漏或者错误，都会给加工带来一定的困难，也可能造成严重的经济损失。

4.5.1　尺寸的组成

在机械制图中，一个完整的尺寸是由尺寸文本、尺寸界线、尺寸线和尺寸线终端结构（如箭头）组成的，如图4－24所示。

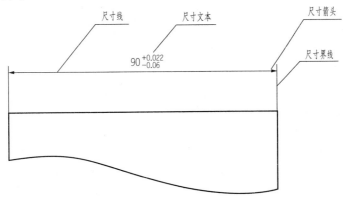

图4－24 尺寸组成要素

1）尺寸文本

尺寸文本包括尺寸数字和符号，尺寸数字表示尺寸的数值，而符号一般出现在尺寸数字之前，例如在标注半径时，在尺寸数字前注有符号"R"，在标注直径时，在尺寸数字前注有符号"ϕ"。

尺寸文本一般放置在尺寸线的上方，也允许放置在尺寸线的中断处。其中，将尺寸文本放置在尺寸线的上方这种形式最为普遍。在同一张甚至是同一套图样中，尺寸标注应该采用统一的标注形式，推荐统一在尺寸线的上方放置尺寸文本。

2）尺寸界线

尺寸界线由图形的轮廓线、轴线或对称中心线处引出，用来表示所标注的尺寸的起止范围。尺寸界线用细实线绘制，它一般与尺寸线垂直，并且超出尺寸线 1.5～4 mm。也可用轮廓线、轴线或对称中心线直接作为尺寸界线。

3）尺寸线

尺寸线位于相应的两尺寸界线之间，用细实线绘制。尺寸线不能用其他图线来替代，一般也不得与其他图线重合或在其延长线上。为了使标注工整、清楚，应该尽量避免与其他尺寸线或者尺寸界线相交。

标注线性尺寸时，尺寸线必须与所标注的线段平行。当有几条相互平行的尺寸线时，大尺寸应标注在小尺寸的外面，并且这些相同方向的各尺寸线之间的距离应大致均匀，间距最好大于 5 mm。

4）尺寸线终端结构

尺寸线终端结构主要分两种形式，一种为箭头，另一种为斜线。箭头适用于各种类型的图样，是目前广泛采用的形式。斜线形式适合标注某些线性尺寸，并且尺寸线与尺寸界线必须相互垂直，一般多在手工绘制草图时采用。

5）尺寸基准

在进行一些复杂图形的尺寸标注时，应根据几何图形的特点，选择合适的尺寸基准。尺寸基准被视为某些标注尺寸的起始位置，用来描述某一几何图形相对于基准的距离。

在二维机械图形中，通常需要指定两个尺寸方向的基准，从而可以沿两个方向进行其他定位。平面图形的基准可以为线基准和点基准，所述线基准多为轴线、对称线、主要轮廓线，而点基准多为圆心。

尺寸基准一般分为设计基准（设计时用以确定零件结构位置）和工艺基准（制造时用以定位、加工和检验）。零件的底面、端面、对称面、轴线及圆心等都可以作为尺寸基准。

6）尺寸的类型

标注是向图形中添加测量注释的过程。基本的标注类型包括：线性、径向（半径和直径）、角度、坐标和弧长等。其中线性标注可以是水平、垂直、对齐、旋转、基线或连续的，如图 4-25 所示。

从某种用途角度上分，零件图上标注的尺寸可以分为两类，一类是定形尺寸，另一类是定位尺寸，前者表示几何图形的形状，后者表示几何图形之间的相对位置。

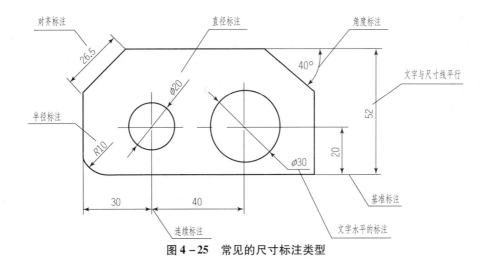

图 4 – 25　常见的尺寸标注类型

4.5.2　尺寸标注的基本规则

尺寸标注需要遵循一定的规则，例如 GB/T 4458.4 – 2003《机械制图尺寸标注法》，这里列出尺寸标注的几条基本规则：

（1）机械零件的真实大小应该以图样中所标注的尺寸数值为准，与绘图比例及绘图的准确度无关。

（2）图样中的尺寸单位为 mm 时，不需要标出计量单位的代号或者名称，例如 68、R30、ϕ92 等；当采用其他单位时，则必须注明相应的计量单位的代号或者名称，例如以英寸为单位时，需要在尺寸后面用"″"表示；当角度尺寸以度为单位时，需要在图样的尺寸后标上符号"°"。

（3）机件的每一个尺寸，在图样中一般只标注一次，并且要标注在最能反映该结构的视图或者图形上。

（4）图样中所标注的尺寸应为零件完工后的尺寸，否则应另加说明。

（5）在保证不致引起误解和不产生理解多义性的前提下，力求简化标注。

下面结合尺寸注法的国家标准，说明尺寸标注中的一些规范和注意事项，这部分的内容可以作为平时设计时的参考资料。

1）线性

线性尺寸的数字可在 360°的方向进行标注，尽可能避免在图示 90°~120°和 270°~300°范围之内标注尺寸；当无法避免时，可按如图 4 – 26 所示的形式标注。在不致引起误解时，非水平方向的尺寸，其数字可水平地写在尺寸线的中断处。

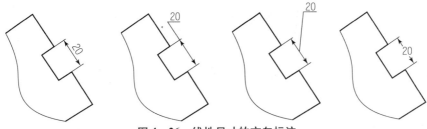

图 4 – 26　线性尺寸的方向标注

2）角度

角度尺寸的尺寸界线应沿径向引出，尺寸线画成圆弧，其圆心是该角的顶点。值得注意的是，以往国标中要求尺寸数字应一律水平书写，但在 AutoCAD 中提供的默认的角度标注样式并不遵守这一规则。该尺寸数字一般注在尺寸线的中断处，必要时也可按图 4 - 27 所示的形式标注。

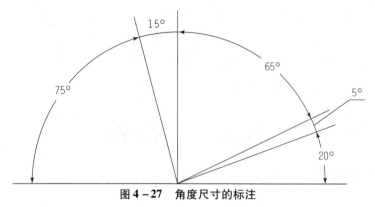

图 4 - 27 角度尺寸的标注

3）圆

圆的直径尺寸标注一般按如图 4 - 28 所示的形式标注。

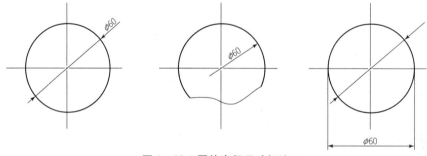

图 4 - 28 圆的直径尺寸标注

4）圆弧的半径

对于优弧（中心角≥180°的圆弧），一般标注其直径，尺寸线的一端无法画出箭头时，尺寸线必须超过圆心一段。对于中心角≤180°的圆弧，通常标注其半径；标注时，尺寸数字之前注有半径符号 R。对于一些大圆弧，在图纸范围内无法标出圆心位置时，可按如图 4 - 29 所示的形式标注。

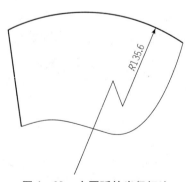

图 4 - 29 大圆弧的半径标注

5）小尺寸

当尺寸界线之间的距离较小（即没有足够的位置来放置两个箭头和尺寸文本）时，可以将箭头画在尺寸区域之外，并指向尺寸界线。尺寸数字也可以写在外面或引出标注。当出现连续时，可在中间的尺寸界线上画上黑圆点来代替箭头，如图4-30所示。

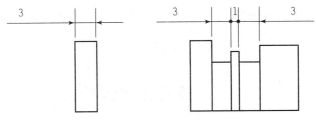

图4-30 小尺寸标注

6）球面

一般情况下，标注球面的尺寸应在 ϕ 或 R 之前加符号"S"，有时候为了不引起误解，可省略符号"S"。

7）斜度和锥度

斜度与锥度的标注如图4-31所示，其符号的方向应与斜度、锥度的方向一致。锥度也可以在轴线上标注。一般不需要在标注锥度的同时再标注其角度值。

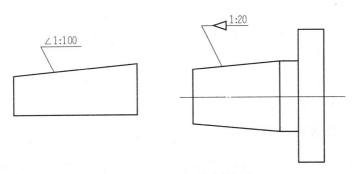

图4-31 斜度与锥度的标注

斜度和锥度符号的画法如图4-32所示，符号的高度为 $h/10$，其中 h 为字高。

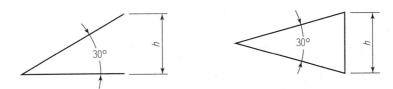

图4-32 斜度和锥度符号的画法

8）正方形结构

标注机械零件的断面为正方体结构时，可以采用"边长尺寸数字×边长尺寸数字"的形式，或者在边长的尺寸数字之前加注符号"□"，如图4-33所示。值得注意的是，当图形不能充分表达平面时，可在图形中添加相交的两条细实线（此为平面符号）来辅助表达。

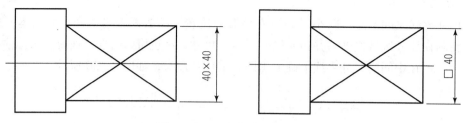

图 4 – 33 正方体结构的标注

4.6 尺寸标注样式设置

尺寸用来确定工程图样中形体的大小，是工程图样中一项重要的内容，工程图样中的尺寸必须符合相应的制图标准。目前我国各行业的制图标准中对尺寸标注的要求不完全相同，而 AutoCAD 是一个通用的绘图软件包，它所预设的标注样式，不一定符合我国用户绘制机械图样的要求，因此，在标注尺寸之前，用户应该根据需要，自行创建样式或修改当前标注样式，以满足制图标准的要求。

标注样式控制标注的格式和外观，用标注样式可以建立和强制执行绘图标准，标注样式内容主要有：

（1）尺寸线、尺寸界线、箭头和圆心标记的格式及位置。

（2）标注文字样式、外观、位置和对齐方式。

（3）全局标注比例。

（4）单位格式和精度。

（5）公差值的格式和精度。

4.6.1 标注样式管理器

在创建标注时，可以基于 AutoCAD 当前的标注样式进行修改。如采用 AutoCAD 样板文件建立的图形文件，如果开始绘制新的图形时选择米制单位，系统默认的标注样式为"ISO – 25"。

1）【标注样式管理器】对话框界面

输入命令的方式：

● 单击【样式】工具栏中的【标注样式】按钮 🖾 。

● 单击菜单栏中的【格式】/【标注样式】命令。

● 命令行输入：dimstyle ✓（缩写 ddim）。

弹出【标注样式管理器】对话框，如图 4 – 34 所示。AutoCAD 提供了尺寸标注的基本样式"ISO – 25"作为当前标注样式。

【标注样式管理器】对话框中各按钮作用如下：

【置为当前（U）】：选择一种标准标注样式，且设置为当前的尺寸标注样式。

【新建（N）】：新建一个标注样式。

【修改（M）】：修改现有的标注样式的内容。

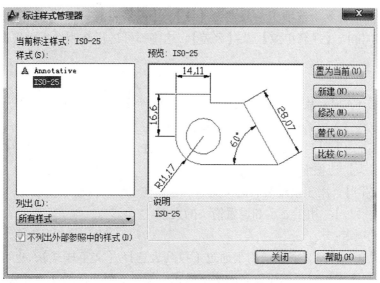

图 4 - 34 【标注样式管理器】对话框

【替代（O）】：在标注尺寸的过程中会遇到一些特殊格式的标注（例如标注公差），可设置一个临时公差样式，其他的公差都是在此基础上利用"替代"标注。

【比较（C）】：标注样式的参数比较多，可以对样式的各个参数进行比较，从而了解不同的总体特性。

2）标注样式的内容

下面以修改"ISO - 25"标注样式为例，了解一下标注样式的内容。在【标注样式管理器】对话框中单击【修改（M）】按钮，弹出【修改标注样式】对话框，如图 4 - 35 所示。

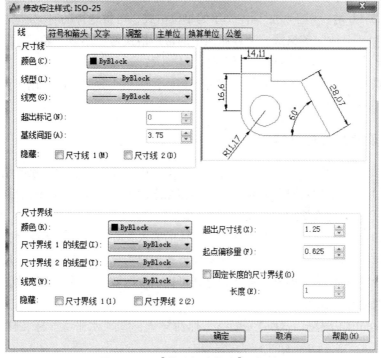

图 4 - 35 【修改标注样式】对话框

在此对话框中有 8 个选项卡，分别为【线】、【符号和箭头】、【换算单位】、【文字】、【调整】、【主单位】、【换算单位】及【公差】。这些都可进行修改，下面将选项卡中主要选项进行介绍。

【线】选项卡：

【基线间距（A）】：用于设置基线标注时，相邻两条尺寸线之间的距离。

【超出尺寸线（X）】：用于设置尺寸界线超出尺寸线的量。

【起点偏移量（F）】：用于设置自图形中定义标注的点到尺寸界线的偏移距离。

【符号和箭头】选项卡：

【第一个（T）】：用于设置箭头的类型。

【箭头大小（I）】：用于显示和设置箭头的大小。

【文字】选项卡：

【文字样式（Y）】：文字样式用于通过下拉列表选择【文字样式】，也可通过单击右侧按钮打开【文字样式】对话框设置新的文字样式。符合工程图样的文字样式为 "gbeitc. sbx" 字体且使用大字体为 "gbcbig. sbx" 字体。

【从尺寸线偏移（O）】：用于确定尺寸文本和尺寸线之间的偏移量。

【水平】：用于无论尺寸线的方向如何，尺寸数字的方向总是水平的。用于引出标注和角度标注。

【与尺寸线对齐】：用于尺寸数字保持与尺寸线平行。用于直线尺寸标注。

【ISO 标准】：用于当文字在尺寸界线内时，文字与尺寸线对齐。当文字在尺寸界线外时，文字水平排列。

【主单位】选项卡：

【单位格式（U）】：用于设置标注文字的单位格式，可供选择的有 "小数" "科学" "建筑" "工程" 和 "分数" 等格式，工程制图中的常用格式是 "小数" 格式。

【精度（P）】：用于确定主单位数值保留几位小数，一般选取 "0.00"。

【小数分隔符（C）】：用于当【单位格式（U）】采用小数格式时，用于设置小数点的格式标准，这里设置为 "." （句号）。

4.6.2　设置尺寸标注样式

尺寸标注是机械绘图的一项重要内容，机械图样中的图形仅表示对象的结构和形状，还必须标注足够的尺寸来确定对象的真实大小和相互之间的位置关系。AutoCAD 提供有一套完善的尺寸标注命令，可方便地进行尺寸标注和编辑。

机械制图国家标准对尺寸标注的格式有具体的要求，在绘制工程图样时，通常需要多种尺寸标注的形式，应把绘图中常用的尺寸标注形式创建为标注样式，在标注尺寸时，需要哪种标注样式，就将它设为当前标注样式，这样可提高绘图效率，且便于修改。

1）建立尺寸标注样式

一般需要建立如下样式：①"平行 5" 标注样式；②"水平 5" 标注样式；③"角度 5" 标注样式；④"平行 4" 标注样式。

输入命令的方式：

- 单击【样式】工具栏中的【标注样式】按钮 ⬓。
- 单击菜单栏中的【格式】/【标注样式】命令。
- 命令行输入：dimstyle ↙（缩写 ddim）。

方法一："平行 5" 标注样式

创建 "平行 5" 标注样式的步骤如下：

（1）执行新建标注样式的命令，弹出【标注样式管理器】对话框，单击【新建（N）】按钮，弹出【创建新标注样式】对话框，在【新样式名（N）】框中输入 "平行 5"。单击【继续】按钮，如图 4 - 36a 所示。

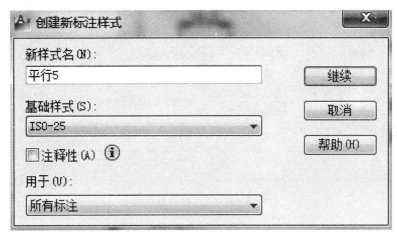

图 4 - 36a 【创建新标注样式】对话框

★ 在【基础样式（S）】框中选择基础样式的名称，即新样式在哪种样式的基础上进行修改，当前的选择为 "ISO - 25"。

★ 在【用于（U）】框中选择 "所有标注"。

（2）弹出【新建标注样式】对话框，选择【线】选项卡，该这项卡用于设置尺寸线、尺寸界线的形式和特征。设置相关参数，这里【基线间距】设置为 "10"，【超出尺寸线（X）】设置为 "2"，【起点偏移量（F）】设置为 "0.8"，其余参数采用默认值，如图 4 - 36b 所示。

【颜色（C）】：用于设置尺寸线的颜色，一般采用默认的 "ByBlock"（随块），也可从右侧的下拉列表中修改。

【线型（L）】：用于设置尺寸线的线型，一般采用默认的 "ByBlock"（随块），也可从右侧的下拉列表中为尺寸线选择不同的线型。

【线宽（G）】：用于设置尺寸线的线宽，一般采用默认的 "ByBlock"（随块），也可从右侧的下拉列表中为尺寸战选择不同的线宽。

【超出标记（N）】：当尺寸线终端为斜线时，尺寸线超出尺寸界线的长度，默认为 "0"。

【基线间距（A）】：指定基线标注时两尺寸线间的距离（一般设为 7 ~ 10 mm）。

【隐藏】：选中复选框 "尺寸界线 1" 或 "尺寸界线 2"，用于隐藏 "尺寸界线 1" 或 "尺寸界线 2"，主要用于半标注。

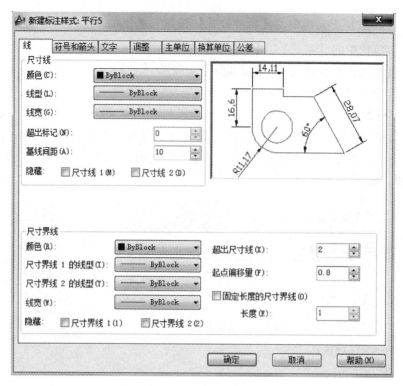

图 4 – 36b 【线】选项卡

（3）选择【符号和箭头】选项卡，该选项卡用于设置箭头、圆心标记、弧长符号及半径标注折弯的形式和特征。设置箭头大小为"3"，其余参数采用默认值，如图 4 – 36c 所示。

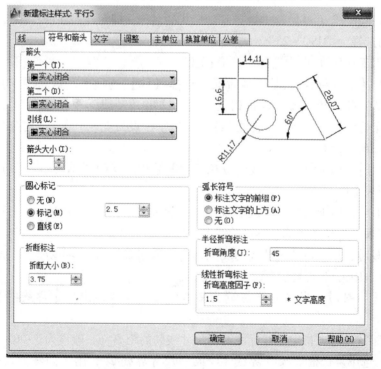

图 4 – 36c 【符号和箭头】选项卡

【第一个（T）】：可用于设置第一个尺寸箭头的样式。

【第二个（D）】：可用于设置第二个尺寸箭头的样式。

【引线（L）】：可用于设置引线标注时，有无箭头及箭头样式。

【箭头大小（T）】：一般为 3~5 mm，也可用于设置 45°斜线长，圆点大小等。

【圆心标记】：可选择【无（N）】、【标记（M）】、【直线（E）】三种，并可设置圆心标记的大小。

【弧长符号】：可设置弧长符号标注在尺寸数字的前缀、上方或无弧长符号等。

【半径折弯标注】：可设置半径折弯标注时的角度，默认为 45°。

（4）选择【文字】选项卡，该选项卡用于设置尺寸文本的形式、位置和对齐方式等。在【文字样式（Y）】的下拉列表中选择"工程字 5"，在【文字对齐（A）】中选择"与尺寸线对齐"，【从尺寸线偏移（D）】设置为"2"，其余参数采用默认值，如图 4–36d 所示。

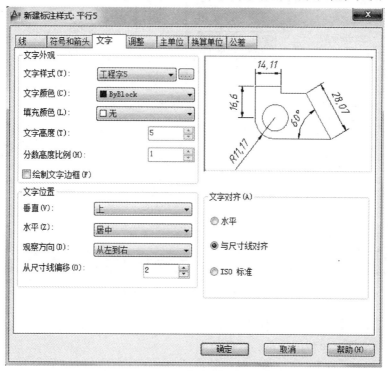

图 4–36d 【文字】选项卡

【文字样式（Y）】：右边的下拉列表中可选择尺寸文字的样式，单击右侧 ⬚ 按钮可弹出新建文字样式对话框，可用于设置新的文字标注样式。

【垂直（V）】：控制尺寸数字沿尺寸线垂直方向的位置，有"置中""上方""外部"等方式。

【水平（Z）】：控制尺寸数字沿尺寸线水平方向的位置，有"第一条尺寸界线""第二条尺寸界线""第一条尺寸界线上方""第二条尺寸界线上方"等方式。

【从尺寸线偏移（O）】：指尺寸数字底部与尺寸线之间的间隙，一般为 0.6~2 mm。

【水平】：指尺寸数字字头永远向上，用于引出标注和角度标注。

【与尺寸线对齐】：指尺寸数字与尺寸线平行，用于直线尺寸标注。

【ISO 标准】：指符合国际制图标准，尺寸数字在尺寸界线内时与尺寸线平行，在尺寸界线外时尺寸数字永远向上。

（5）选择【调整】选项卡，该选项卡用于设置尺寸文本、尺寸箭头的标注位置以及标注特征比例等。这里各项参数采用默认方式。

（6）选择【主单位】选项卡，该选项卡用于设置尺寸标注的主单位和精度，以及给尺寸文本添加固定的前缀或后缀。在【小数分隔符（C）】中选择"."（句号），其余参数采用默认值，如图 4 – 36e 所示。

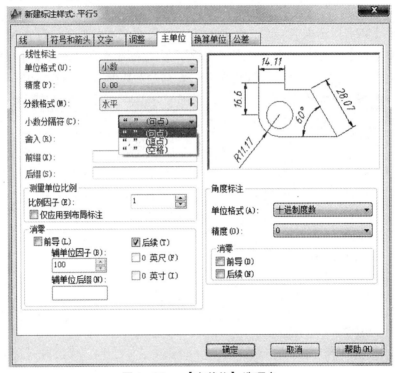

图 4 – 36e　【主单位】选项卡

【比例因子（E）】：用于直接标注形体的真实大小。按绘图比例，输入相应的数值，图中的尺寸数字将会乘以该数值注出，默认为 1。

【仅应用到布局标注】：控制把比例因子仅用于布局（图纸空间）中的尺寸。

（7）选择【换算单位】选项卡，该选项卡用来设置尺寸单位换算的格式和精度等。这里各项参数采用默认值。

（8）选择【公差】选项卡，该选项卡用于设置是否标注尺寸公差、尺寸公差的标注形式及公差数字的高度及位置等。在【垂直位置（S）】中选择"中"，其余参数采用默认值，如图 4 – 36f 所示。

【方式（M）】：有"无""对称""极限偏差""极限尺寸""基本尺寸"5 项。

【精度（P）】：用于指定公差值小数点后保留的位数。

【高度比例（H）】：设定公差数字的高度，该高度是由尺寸公差数字字高与基本尺寸数字高度的比值来确定的。

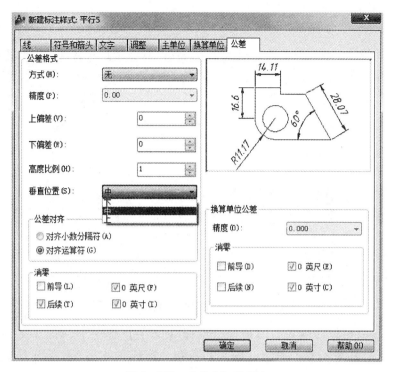

图 4 - 36f 【公差】选项卡

【垂直位置（S）】：用于设置偏差数字相对于基本尺寸数字的位置，有"上""中""下"3 种选择，一般选择"中"。

（9）设置完成后，单击【确定】按钮，返回到【标注样式管理器】对话框，在【样式（S）】框中将会出现刚设置的样式名称"平行 5"，如图 4 - 36g 所示，单击【关闭】按钮，即完成"平行 5"标注样式的设置。

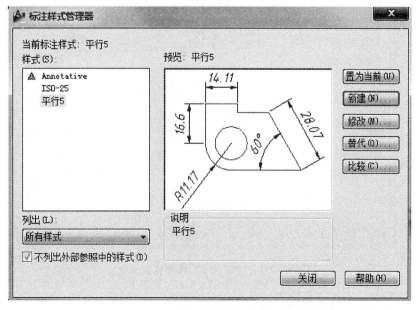

图 4 - 36g 【标注样式管理器】对话框

方法二："水平 5"标注样式

创建"水平 5"标注样式的步骤如下：

（1）执行新建标注样式的命令，弹出【标注样式管理器】对话框，单击【新建】按钮，弹出【创建新标注样式】对话框，在【新样式名（N）】框中输入要创建的新样式名称"水平 5"。【基础样式（S）】选择"平行 5"，单击【继续】按钮，如图 4－37a 所示。

图 4－37a 【创建新标注样式】对话框

（2）弹出【新建标注样式】对话框，选择【文字】选项卡，将【文字对齐（A）】修改为"水平"，其余不变，单击【确定】按钮，完成"水平 5"标注样式的设置。如图 4－37b 所示。

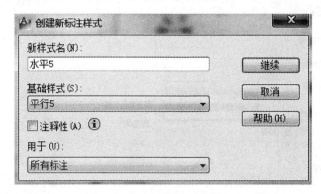

图 4－37b "水平 5"标注样式设置

方法三："角度 5"标注样式

创建"角度"标注样式的步骤如下：

　　操作步骤同前，【基础样式（S）】选择"水平5"，新样式名为"角度5"，所作的修改是在【文字】选项卡中将【文字位置】的【垂直（V）】改为"居中"，如图4-38a所示。【主单位】选项卡中将【精度】选择为"0.00"，复选【后续】，其余不变。单击【确定】按钮，完成"角度5"标注样式的设置。如图4-38b所示。

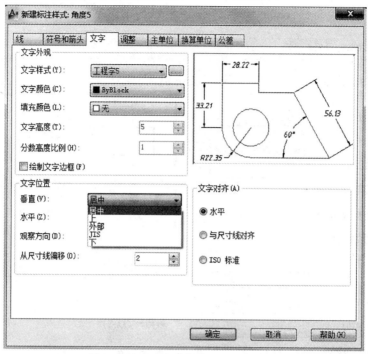

图4-38a　　"角度"标注样式的设置

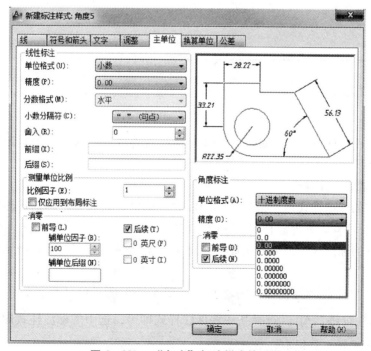

图4-38b　　"角度"标注样式的设置

方法四："平行4"标注样式

创建"平行4"标注样式的步骤如下：

操作步骤同前，【基础样式（S）】选择"平行5"，新样式名为"平行4"。所作的修改是在【文字】选项卡中将【文字样式】改为"工程字4"即可，其余不变。单击【确定】按钮，完成"平行4"标注样式的设置。如图4-39所示。

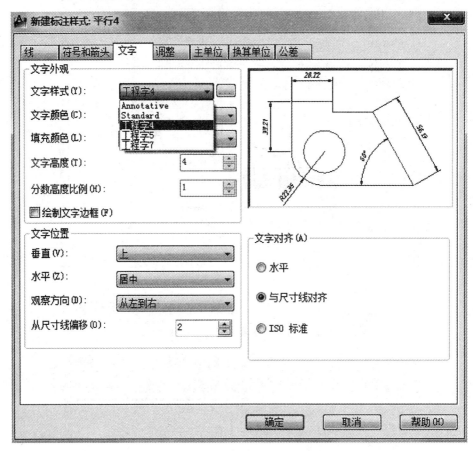

图4-39 "平行4"标注样式设置

进行了以上4种标注样式设置后，在【标注样式管理器】对话框中将出现4种标注样式。如图4-40所示。

2）设置当前的标注样式

创建了所需的标注样式后，根据不同的需要，用户可以创建不同的标注样式。在如图4-40所示的【标注样式管理器】对话框中，在样式列表中显示了所有的尺寸标注样式，在列表中选择合适的标注样式，单击【置为当前（U）】按钮，则可将所选择的样式置为当前标注样式。

设置当前标注样式的最快捷的方法是，在图4-41所示的【样式】工具栏中，单击【标注样式控制】按钮 ，选择某一种标注样式即可，选中的标注样式即作为当前标注样式显示在【样式】工具栏中。

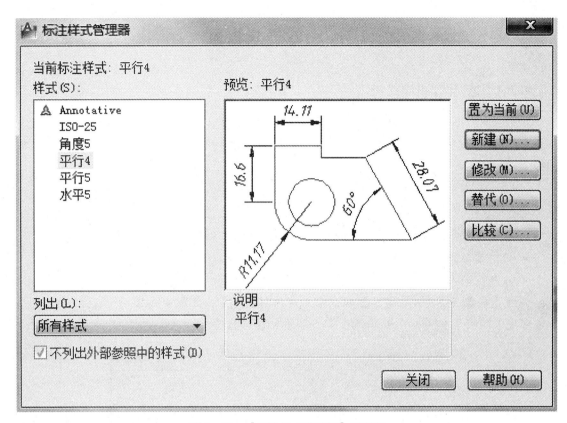

图4-40 【标注样式管理器】对话框

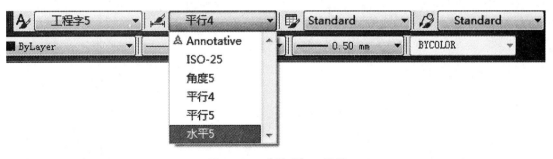

图4-41 【样式】工具栏

3）修改标注样式

修改标注样式的步骤如下：

（1）单击【样式】工具栏中的【标注样式控制】按钮 ，弹出图4-40【标注样式管理器】对话框。

（2）在"样式"列表中选择要修改的标注样式，然后单击【确定】按钮。

（3）在修改标注样式对话框中进行所需的修改（与新建标注样式的方法类似）。

（4）修改完成后，单击【确定】按钮，返回【标注样式管理器】对话框，再单击【关闭】按钮便可完成标注样式的修改。

4.7 引线样式设置

4.7.1 多重引线样式设置

在机械零件图样和装配图中，常采用多重引线标注引出文字说明，一般情况下，在采用多重引线标注前应当先设置多重引线样式，需设置多重引线样式的引线类型（直线或样条曲线）、箭头符号和大小（可有箭头或无箭头）、引出文字说明的样式等。

【多重引线样式】对话框界面

输入命令的方式：

- 单击【样式】工具栏中的【多重引线样式】按钮 。
- 单击菜单栏中的【格式】／【多重引线样式】命令。
- 命令行输入：mleaderstyle 。

弹出【多重引线样式管理器】对话框，在该对话框中，如图 4 - 42a 所示，AutoCAD 提供了多重引线的基本样式"Standard"作为当前标注样式。

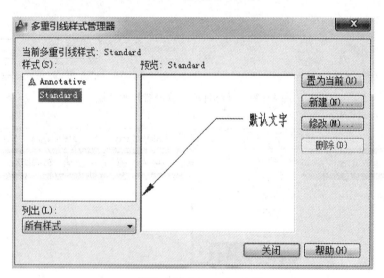

图 4 - 42a 【多重引线样式管理器】对话框

【多重引线样式管理器】对话框中各按钮作用如下：

【置为当前（U）】：选择一种标准标注样式，且设置为当前的多重引线样式。

【新建（N）】：新建一个多重引线样式。

【修改（M）】：修改现有的多重引线的内容。

4.7.2 箭头引线样式设置

在【多重引线样式管理器】对话框中单击【新建（N）】按钮，弹出【创建新多重引线样式】对话框，在【新样式名（N）】文本框中输入"箭头引线"，单击【继续（O）】按钮，如图 4 - 42b 所示。弹出【修改多重引线样式：箭头引线】对话框，如图 4 - 42c 所示。

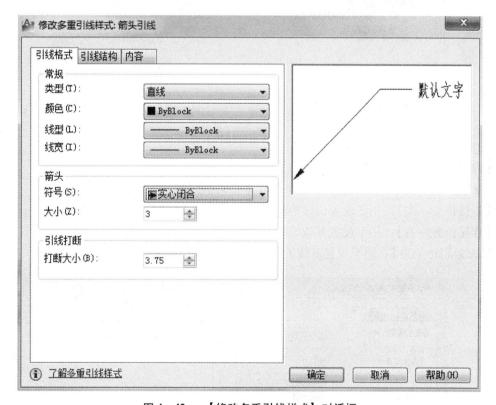

图 4 –42b　【创建新多重引线样式】对话框

图 4 –42c　【修改多重引线样式】对话框

　　在此对话框中有 3 个选项卡，分别为【引线格式】选项卡、【引线结构】选项卡和【内容】选项卡。这些都可进行设置。

　　【引线格式】选项卡：

　　【类型（T）】：用于设置引线的线形，一般情况下选择 "直线"（默认方式）。

　　【箭头 符号（S）】：用于设置箭头符号的类型，选择 "实心闭合"。

　　【箭头 大小（Z）】：用于设置箭头符号的大小，设置为 "3"，如图 4 –42c 所示。

　　【引线结构】选项卡（如图 4 –42d 所示）：

　　【最大引线点数（M）】：用于设置引线的段数，一般情况下选择 "2"。

　　【设置基线距离（D）】：用于设置基线的距离，一般情况下选择 "1"。

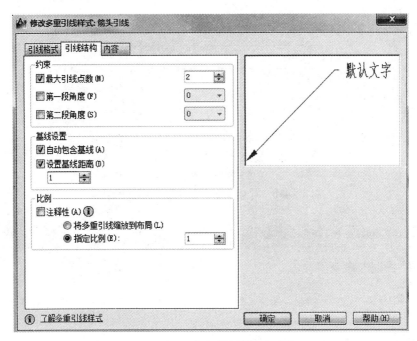

图 4 – 42d　【引线结构】选项卡

【内容】选项卡（如图 4 – 42e 所示）：

【文字样式（S）】：用于通过下拉列表选择"文字样式"，选择"工程字 5"。

【连接位置 – 左】：用于设置引线的段数，例如选择"最后一行加下划线"。

【连接位置 – 右】：用于设置基线的距离，例如选择"最后一行加下划线"。

【基线间距（G）】：用于设置基线的距离，一般情况下选择"1"。

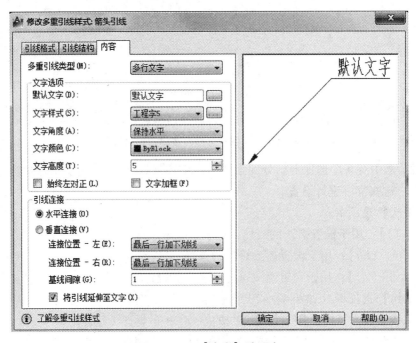

图 4 – 42e　【内容】选项卡

4.7.3 无箭头引线样式设置

创建无箭头的多重引线样式的步骤如下：

（1）执行创建多重引线样式的命令，弹出【多重引线样式管理器】对话框，单击【新建（N）】按钮，弹出【创建新多重引线样式】对话框，在【新样式名（N）】框中输入"无箭头引线"，【基础样式（S）】为"箭头引线"，如图 4－43a 所示。单击【继续（O）】按钮。

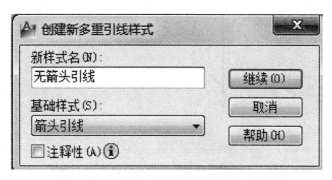

图 4－43a 【创建新多重引线样式】对话框

（2）弹出【修改多重引线样式：无箭头引线】对话框，在【引线格式】选项卡中设置箭头符号的类型为"无"，其余参数不变，单击【确定】按钮，如图 4－43b 所示。

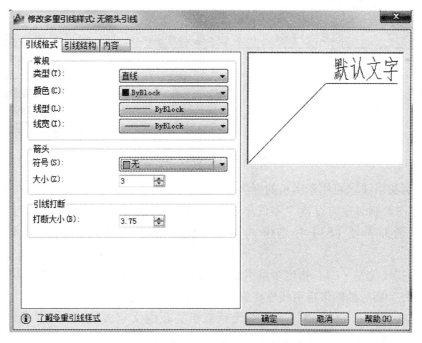

图 4－43b 【修改多重引线样式】对话框

进行了以上多重标注样式设置后，在【多重引线样式管理器】对话框【样式（S）】中将出现"无箭头引线"。单击【置为当前（U）】即可将"无箭头引线"设置为当前多重标注样式显示在【样式】工具栏中，如图 4－43c 所示。

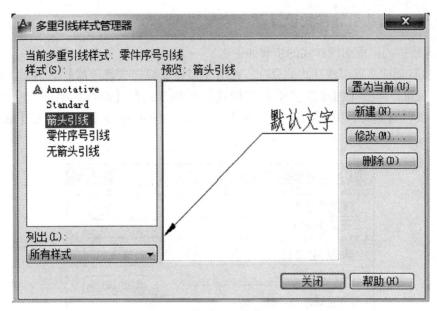

图 4 - 43c 【多重引线样式管理器】对话框

设置当前标注样式的最快捷的方法是，在【样式】工具栏中，单击【多重引线样式】按钮 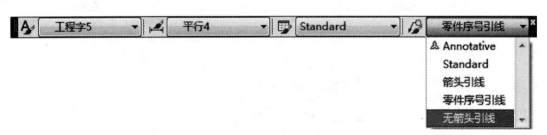，选择"无箭头引线"即可将"无箭头引线"设置为当前多重标注样式显示在【样式】工具栏中，如图 4 - 43d 所示。

图 4 - 43d 【样式】工具栏

★"无箭头引线"可用于倒角的标注。

★ 装配图绘制时还需设置"零件序号引线"，只需在【引线格式】选项卡（如图 4 - 43b 所示）【箭头 符号（S）】中选择"小点"类型，【箭头 大小（Z）】中设置为"5"即可。

★ 引线基线优先（L）：指定多重引线对象的基线的位置。如果先前绘制的多重引线对象是基线优先，则后续的多重引线也将先创建基线（除非另外指定）。

★ 内容优先（C）：指定与多重引线对象相关联的文字或块的位置。如果先前绘制的多重引线对象是内容优先，则后续的多重引线对象也将先创建内容（除非另外指定）。

★ 引线箭头优先（H）：指定多重引线对象箭头的位置。

★ 选项（O）：指定用于放置多重引线对象的选项。当选择此选项时所示的命令。

4.8 绘制工程图图框

4.8.1 机械制图的幅面规定

机械制图的幅面是有规定的，通常的图纸幅面有 A0、A1、A2、A3 和 A4 号。标准图纸幅面的格式还分为两种，一种留有装订边，另一种不留装订边。同一产品的图样只能采用一种格式。

标准图框的尺寸及对应的幅面代号如表 4 – 3 所示。

表 4 – 3 标准图框尺寸及对应的幅面代号

幅面代号	$B \times L$	a	c	e
A0	841×1189			20
A1	594×841		10	20
A2	420×594	25		
A3	297×420		5	10
A4	210×297			10
★：a、b、c 为留边宽度。				

需要装订的图样其图框格式如图 4 – 44a 和图 4 – 44b 所示。不需要装订的图样其图框格式如图 4 – 45a 和图 4 – 45b 所示。

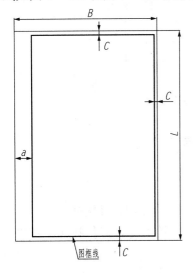

图 4 – 44a A4 留装订边的图框格式

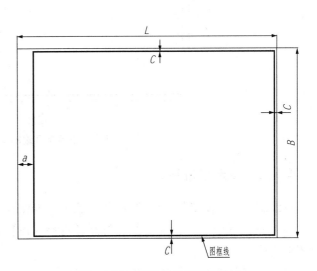

图 4 – 44b 留装订边的图框格式

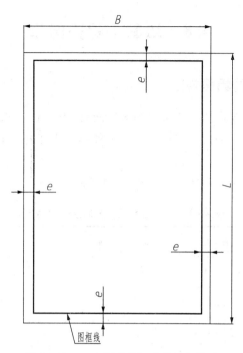

图 4 - 45a　A4 不留装订边的图框格式

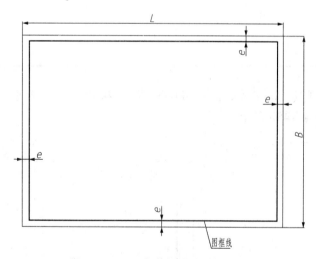

图 4 - 45b　不留装订边的图框格式

4.8.2　绘制标准图框

以绘制横向不需要装订线的 A3 图框为例，介绍在 AutoCAD 中绘制标准图框。

（1）单击【新建】命令 ▢ ，打开【选择样板】对话框，单击【打开】按钮，新建一个图形文件。

（2）在【图层】工具栏中选择【细实线】层。

（3）在【绘图】工具栏中单击【矩形】按钮 ▢ 。在绘图区适当的位置单击鼠标左键选择一点为起始点，依次在命令行中输入 d ↙；420 ↙；297 ↙；单击鼠标左键。完成边框外图绘制。

（4）在【修改】工具栏中单击【偏移】按钮 。在命令行中输入 10 ，选择矩形为偏移对象，在矩形框内单击鼠标左键完成内边框的绘制。

（5）选择内侧矩形，然后在【图层】工具栏中选择【粗实线】层，如图 4 – 46a 所示。

图 4 – 46a　A3 图框绘制

（6）打开已创建好的"标题栏"文件，采用复制、粘贴的方法，粘贴到绘制的 A3 图框的右下角位置，完成 A3 图框的创建，如图 4 – 46b 所示，另存为"dwt"样板文件格式，文件名为"A3 图框"。

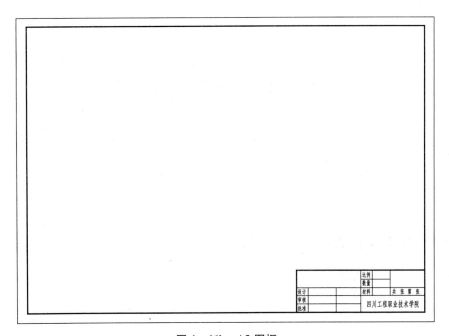

图 4 – 46b　A3 图框

按照同样的方法，可制订"A0 图框""A1 图框""A2 图框""A4 图框"的样板文件。

4.9 轴套类零件工程图样绘制

轴套类零件是机械领域中最常见的零件，轴在机器中起着支撑传动零件（如带轮、齿轮等）和传递动力的作用；套一般是装在轴上，起轴向定位、传动和连接等作用。轴和套都是由一些大小不同的同轴圆柱体组成。轴套类零件的视图有以下特点：主视图表现了零件的主要结构形状，主视图有对称轴线；主视图图形是沿轴线方向排列分布的，大部分线条与轴线平行或垂直。

下面以图 4－47 所示的输出轴为例讲解轴套类零件图样绘制。

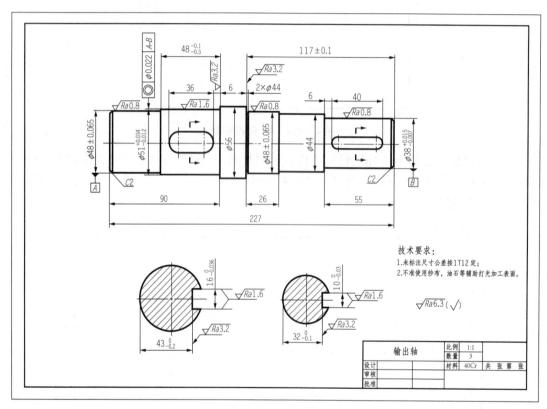

图 4－47　输出轴零件图样

4.9.1　创建绘图环境

打开"A3 图框"样板文件。

4.9.2　输出轴的绘制

（1）绘制中心线。

选择"中心线"图层，单击【绘图】工具栏的【直线】按钮 ，单击任意一点为中心线的起始点，输入 340，完成中心线的绘制，如图 4－48a 所示。

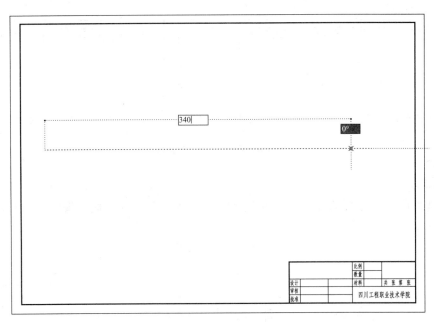

图 4 – 48a　绘制中心线

（2）偏移操作。

单击【修改】工具栏的【偏移】按钮 ![icon]，根据命令提示输入 38 ↙，单击选择中心线，选择偏移侧，完成中心线的偏移，如图 4 – 48b 所示。

图 4 – 48b　偏移操作

（3）依照上述方法，分别绘制出其他线，如图 4 – 48c 所示。具体偏移尺寸根据图样选择。

图 4 – 48c　水平线的偏移

（4）绘制竖直线。

用直线命令，在右侧绘制一条竖直线。单击【修改】工具栏的【偏移】按钮 ![icon]，根据命令行提示，依次完成如图 4 – 48d 所示的竖直线的偏移。

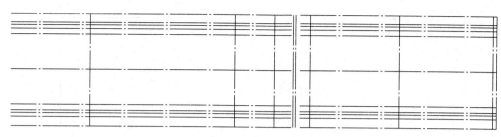

图 4 - 48d　竖直线的偏移

（5）修剪多余线。

单击【修改】工具栏的【修剪】按钮 ，修剪不需要的线段，编辑出完整的轮廓形状，如图 4 - 48e 所示。

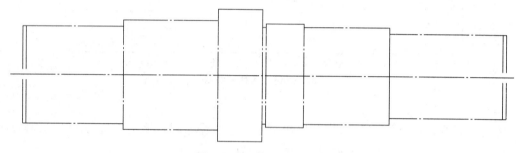

图 4 - 48e　修剪多余图线

（6）调整线型。

选取利用偏移生成的水平中心线和竖直中心线，在图层工具栏的图层列表中选择【粗实线】，完成线型调整，如图 4 - 48f 所示。

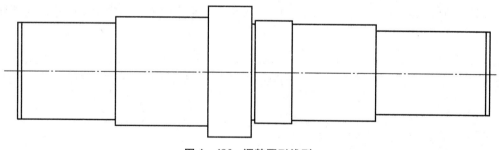

图 4 - 48f　调整图形线型

（7）倒角。

单击【修改】工具栏的【倒角】按钮 ，根据提示完成左、右两端 2×45° 的倒角，如图 4 - 48g 所示。

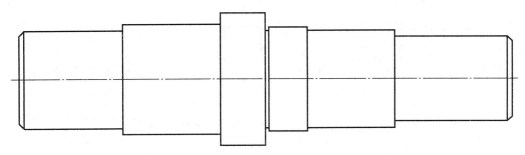

图 4 – 48g　绘制倒角

（8）绘制键槽。

通过偏移完成如图 4 – 48h 所示的轮廓线。偏移距离参照图形尺寸。

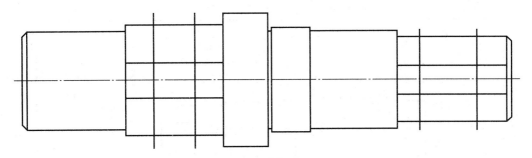

图 4 – 48h　绘制偏移线

单击【绘图】工具栏的【圆】按钮 ⊘ ，选择圆心，输入半径 10 ✓ ，完成圆的绘制，如图 4 – 48i 所示。

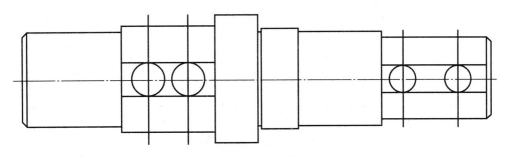

图 4 – 48i　绘制键槽

单击【修改】工具栏的【修剪】按钮 ✂ ，修剪不需要线段。编辑出键槽轮廓形状，如图 4 – 48j 所示。

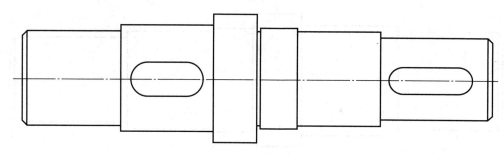

图 4-48j   完成键槽绘制

（9）绘制剖视图。

利用【直线】、【圆】、【修剪】、【偏移】命令完成剖视图绘制，如图 4-48k 所示。

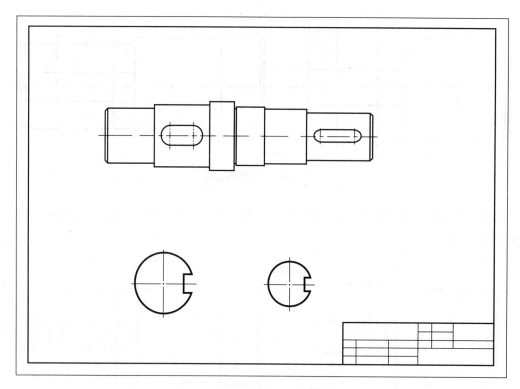

图 4-48k   绘制剖视图

（10）填充剖面线。

单击【绘图】工具栏中的【图案填充】按钮 ，弹出【图案填充和渐变色】对话框，在【类型和图案】选项组的【图案】下拉列表框中，选择"ANSI31"，在【边界】选项组中，单击【添加：拾取点】按钮 ，如图 4-48l 所示。

图 4 – 48l　【图案填充和渐变色】对话框

单击【图案填充和渐变色】对话框中的【确定】按钮，绘制剖面线。完成输出轴的图线绘制，如图 4 – 48m 所示。

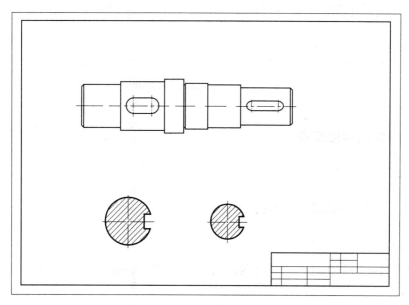

图 4 – 48m　输出轴的图线绘制

4.10　箱体类零件图样绘制

箱体类零件多为铸件，是机器的主体，起支承、容纳、定位和密封等作用。它结构形状复杂，上面带有多个安装孔，并有凸台结构，零件加工时，加工部位、加工工序较多，常需要用多个视图，主视图的方向一般选择箱体零件的工作位置。

下面以绘制涡轮箱体零件图样为例介绍箱体类零件图样的绘制，如图 4 – 49 所示。

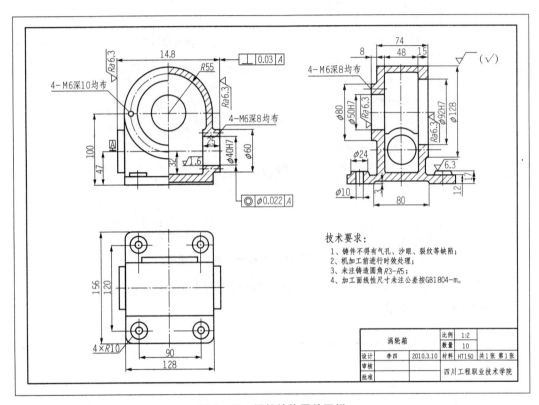

图 4 – 49　涡轮箱体零件图样

4.10.1　创建绘图环境

打开"A3 图框"样板文件。

4.10.2　涡轮箱体零件图样的绘制

1）绘制主视图

（1）单击【绘图】工具栏的【直线】按钮　，绘制底边线及定位线，如图 4 – 50a 所示。

（2）利用【直线】、【圆】、【修剪】、【偏移】命令绘制主视图的主要轮廓线及左右两部分细节的绘制，如图 4-50b 所示。

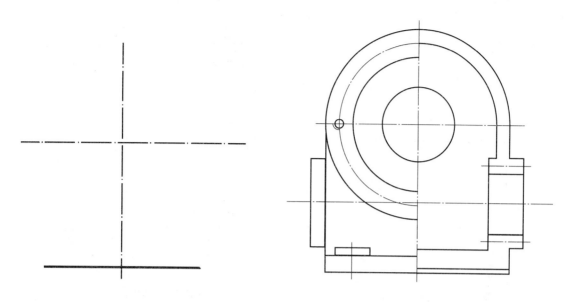

图 4-50a 绘制底边线及定位线　　　　　图 4-50b 绘制主视图的主要轮廓线

2）绘制左视图

（1）绘制水平投影线、左视图对称线和左、右端面线。利用【修剪】命令完成左视图主要轮廓线，如图 4-50c 所示。

（2）利用【直线】、【圆】、【修剪】、【偏移】命令完成左视图绘制，如图 4-50d 所示。

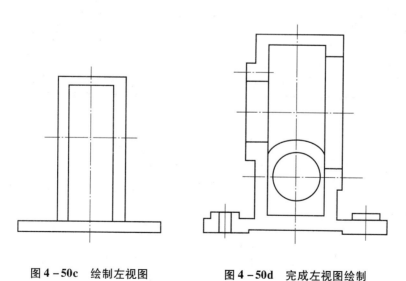

图 4-50c 绘制左视图　　　　　图 4-50d 完成左视图绘制

3）绘制俯视图

（1）利用【直线】、【修剪】、【偏移】命令绘制俯视图轮廓线，如图 4-50e 所示。

（2）利用【直线】、【圆】、【修剪】、【偏移】、【圆角】命令完成俯视图绘制，如图 4-50f所示。

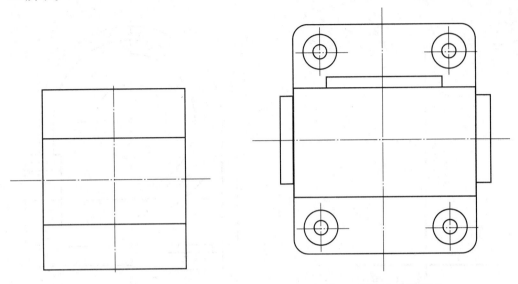

图 4-50e 绘制俯视图   图 4-50f 完成俯视图

4）利用【圆角】命令完成 $R3 \sim R5$ 的铸造圆角，如图 4-50g 所示。

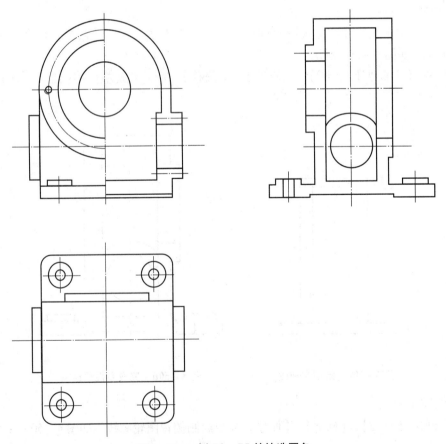

图 4-50g 倒 $R3 \sim R5$ 的铸造圆角

5）填充剖面线

根据零件图要求填充剖面线，如图 4 – 50h 所示。

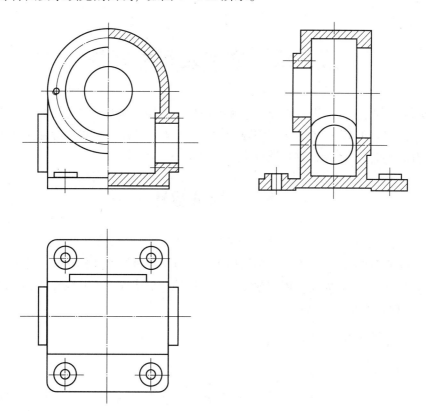

图 4 – 50h　填充剖面线

第五章 文字及尺寸标注

绘制机械图样时，需要进行注写文字和标注尺寸，如技术要求、尺寸标注、填写标题栏及注释说明等。AutoCAD 提供了文字注写功能，用户通过使用文字可以标注图样中的非图形信息，标记图形的各个部分，对其进行说明或注释。

5.1 尺寸标注

设置好尺寸标注样式后，就可选择合适的尺寸标注样式，利用"尺寸标注"命令进行尺寸标注。AutoCAD 提供有多种尺寸标注命令，可方便地进行尺寸标注和尺寸编辑。标注中常用的有线性标注、对齐标注、角度标注、半径标注、引线标注、基线标注、连续标注、坐标标注等，下面具体介绍它们的用法。

5.1.1 线性标注与对齐标注

1）线性标注

用于标注水平或垂直的线性尺寸，通过捕捉两个点来创建标注，也可创建尺寸线和尺寸界限旋转的标注。

输入命令的方式：

- 单击【标注】工具栏中的【线性】按钮 ⊟ 。
- 单击菜单栏中的【标注】/【线性】命令。
- 命令行输入：dimlinear ↙（缩写 dil）。

命令行提示：

指定第一条尺寸界线原点或 <选择对象>：

指定第二条尺寸界线原点：

指定尺寸线位置或

［多行文字（M）/文字（T）/角度（A）/水平（H）/垂直（V）/旋转（R）］：

标注文字 =35

线性标注示例如图 5-1 所示。

【〈选择对象〉】：可按 "Enter" 键，直接选择线段。

【多行文字（M）】：打开多行文本编辑器重新指定尺寸数字。

【文字（T）】：直接在命令行重新指定尺寸数字（单行文字方式）。

【角度（A）】：输入角度可使尺寸文字旋转一个角度标注（字头向上为零角度）。

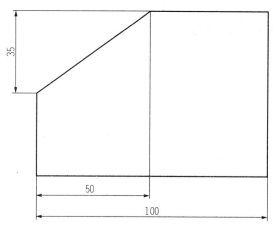

图 5 - 1　线性标注示例

【水平（H）】：指定尺寸线水平标注（操作时可直接拖动）。

【垂直（V）】：指定尺寸线垂直标注（操作时可直接拖动）。

【旋转（R）】：指定尺寸线和尺寸界限旋转的角度（以原尺寸线为零起点）。

2）对齐标注

用于标注一个与标注对象平行的尺寸，可标注倾斜方向的尺寸，也可标注线性尺寸。但线性标注不能标注倾斜方向的尺寸。

输入命令的方式：

● 单击【标注】工具栏中的【对齐】按钮 。

● 单击菜单栏中的【标注】／【对齐】命令。

● 命令行输入：dimaligned ↙（缩写 dal）。

命令行提示：

指定第一条尺寸界线原点或 ＜选择对象＞：

指定第二条尺寸界线原点：

指定尺寸线位置或

[多行文字（M）/文字（T）/角度（A）]：

标注文字 = 61.03

对齐标注示例如图 5 - 2 所示。

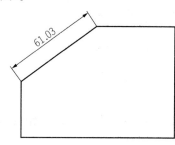

图 5 - 2　对齐标注示例

5.1.2 半径标注与直径标注

1）半径标注

用于标注圆或圆弧的半径。

输入命令的方式：

- 单击【标注】工具栏中的【半径】按钮 ⊘ 。
- 单击菜单栏中的【标注】/【半径】命令。
- 命令行输入：dimradius ↙（缩写 dra）。

命令行提示：

选择圆弧或圆：

标注文字 = 20

指定尺寸线位置或 [多行文字（M）/文字（T）/角度（A）]：

半径标注示例如图 5 - 3 所示。

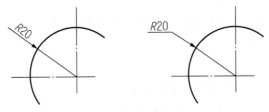

图 5 - 3   半径标注示例

【文字（T）】：直接在命令行重新指定尺寸数字（单行文字方式），"R"需随尺寸数字一起输入。

【多行文字（M）】：打开多行文本编辑器重新指定尺寸数字，"R"需随尺寸数字一起输入。

2）直径标注

用于标注圆和圆弧的直径。

输入命令的方式：

- 单击【标注】工具栏中的【直径】按钮 ⊗ 。
- 单击菜单栏中的【标注】/【直径】命令。
- 命令行输入：dimdiameter ↙（缩写 ddi）。

命令行提示：

选择圆弧或圆：

标注文字 = 40

指定尺寸线位置或 [多行文字（M）/文字（T）/角度（A）]：

直径标注示例如图 5 - 4 所示。

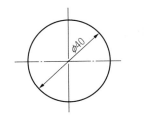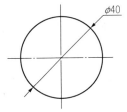

图 5 - 4　直径标注示例

【文字（T）】：直接在命令行重新指定尺寸数字（单行文字方式），"ϕ"（％％C）需随尺寸数字一起输入。

【多行文字（M）】：打开多行文本编辑器重新指定尺寸数字，"ϕ"（％％C）需随尺寸数字一起输入。

5.1.3　角度标注与弧长标注

1）角度标注

用于标注不平行直线、圆弧或圆上两点间的角度。

输入命令的方式：

- 单击【标注】工具栏中的【角度】按钮 ◢。
- 单击菜单栏中的【标注】/【角度】命令。
- 命令行输入：dimangular ↙（缩写 dan）。

命令行提示：

选择圆弧、圆、直线或 ＜指定顶点＞：

选择第二条直线：

指定标注弧线位置或［多行文字（M）/文字（T）/角度（A）/象限点（Q）］：

标注文字 =42

角度标注示例如图 5 - 5 所示。

图 5 - 5　角度标注示例

【文字（T）】：直接在命令行重新指定尺寸数字（单行文字方式），"°"（％％D）需随尺寸数字一起输入。

【多行文字（M）】：打开多行文本编辑器重新指定尺寸数字，"°"（％％D）需随尺寸数字一起输入。

2）弧长标注

用于标注圆弧的弧长。

输入命令的方式：

- 单击【标注】工具栏中的【弧长】按钮 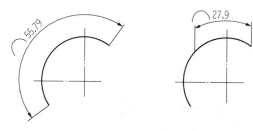 。
- 单击菜单栏中的【标注】/【弧长】命令。
- 命令行输入：dimarc ✓ 。

命令行提示：

选择弧线段或多段线弧线段：

指定弧长标注位置或［多行文字（M）/文字（T）/角度（A）/部分（P）/引线（L）］：

标注文字 = 55.79

如果输入 P ✓ ，命令行提示：

指定弧长标注位置或［多行文字（M）/文字（T）/角度（A）/部分（P）/引线（L）］: p

指定圆弧长度标注的第一个点：

指定圆弧长度标注的第二个点：

指定弧长标注位置或［多行文字（M）/文字（T）/角度（A）/部分（P）/］:

标注文字 = 27.9

弧长标注示例如图 5 - 6 所示。

图 5 - 6　弧长标注示例

【文字（T）】：可重新指定尺寸数字，会自动加上圆弧符号。

【多行文字（M）】：可打开多行文字编辑器重新指定尺寸数字。

【角度（A）】：可旋转标注文字的角度。

【部分（P）】：选择此项后，需在弧上任意指定两点标注长度。

5.1.4　基线标注与连续标注

1）基线标注

用于标注从同一个基准引出的多个尺寸（即多个尺寸使用同一条尺寸界线）。

输入命令的方式：

- 单击【标注】工具栏中的【基线】按钮 ⊟ 。
- 单击菜单栏中的【标注】/【基线】命令。
- 命令行输入：dimbaseline ✓ （缩写 dba）。

命令行提示：

指定第二条尺寸界线原点或［放弃（U）/选择（S）］＜选择＞：

标注文字＝67

指定第二条尺寸界线原点或［放弃（U）/选择（S）］＜选择＞：

标注文字＝130

指定第二条尺寸界线原点或［放弃（U）/选择（S）］＜选择＞：

标注文字＝160

指定第二条尺寸界线原点或［放弃（U）/选择（S）］＜选择＞：

选择基准标注：＊取消＊

基线标注示例如图5-7所示。

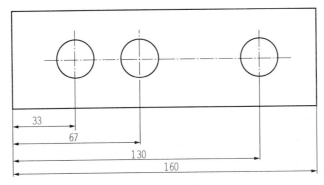

图5-7 基线标注示例

【放弃（U）】：可撤销前一个基线尺寸。

【选择（S）】：重新指定基线尺寸第一尺寸界线的位置。

★ 基线命令操作前，第一个尺寸必须用线性标注命令进行标注（如图4-48中的33），再使用基线命令标注其余尺寸（如图4-48中的60、110、155）。

★ 各基线尺寸间距离是在标注样式中设定的（见标注样式设置，常用7~10 mm）。

★ 所注基线尺寸数值只能使用内测值，标注中不能重新指定。

2）连续标注

用于标注首尾相接的若干个连续尺寸。

输入命令的方式：

● 单击【标注】工具栏中的【连续】按钮 ⊞ 。

● 单击菜单栏中的【标注】/【连续】命令。

● 命令行输入：dimcontinue ↙（缩写 dco）。

命令行提示：

指定第二条尺寸界线原点或［放弃（U）/选择（S）］＜选择＞：

标注文字 = 34

指定第二条尺寸界线原点或 ［放弃（U）/选择（S）］＜选择＞：

标注文字 = 63

指定第二条尺寸界线原点或 ［放弃（U）/选择（S）］＜选择＞：

选择连续标注：＊取消＊

连续标注示例如图 5 – 8 所示。

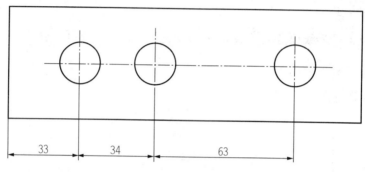

图 5 – 8　连续标注示例

★ 连续命令操作前，第一个尺寸必须用线性标注命令进行标注（如图 4 – 50 中的 33），再使用连续命令标注其余尺寸（如图 5 – 8 中的 34、63）。

★ 所注基线尺寸数值只能使用内测值，标注中不能重新指定。

5.1.5　折弯标注与快速标注

1）折弯标注

用于折弯标注大圆弧的半径等。

输入命令的方式：

- 单击【标注】工具栏中的【折弯】按钮 ３。
- 单击菜单栏中的【标注】/【折弯】命令。
- 命令行输入：dimjogged ↙。

命令行提示：

选择圆弧或圆：

指定图示中心位置：

标注文字 = 127.76

指定尺寸线位置或 ［多行文字（M）/文字（T）/角度（A）］：

指定折弯位置：

连续标注示例如图 5 – 9 所示。

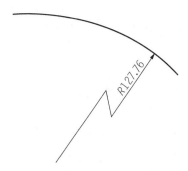

图 5 - 9 折弯位置连续标注示例

★ 折弯标注需指定大圆弧中心的替代位置、尺寸战放置位置、折弯位置等。

★ 折弯角度可在标注样式中进行设置，默认为 45°。

2) 快速标注

能根据拾取到的几何图形自动判断标注类型并进行标注，包括线性标注、半径标注、直径标注、连续标注等。可一次标注多个对象，也可以创建成组的标注。

输入命令的方式：

• 单击【标注】工具栏中的【快速标注】按钮 。

• 单击菜单栏中的【标注】/【快速标注】命令。

• 命令行输入：qdim ↙。

命令行提示：

关联标注优先级 = 端点

选择要标注的几何图形：找到 1 个

选择要标注的几何图形：找到 1 个，总计 2 个

选择要标注的几何图形：找到 1 个，总计 3 个

选择要标注的几何图形：

指定尺寸线位置或［连续（C）/并列（S）/基线（B）/坐标（O）/半径（R）/直径（D）

/基准点（P）/编辑（E）/设置（T）］＜连续＞：

快速标注示例如图 5 - 10 所示。

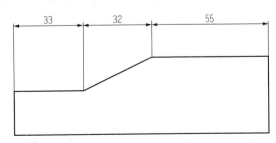

图 5 - 10 快速标注示例

★ 在出现上述提示时,若按"Enter"键(或单击右键),则按当前的选项对象进行快速标注,否则可以根据提示输入一个完成选项标注。例如图 5 - 10 中拾取三条直线,自动判断标注出三个连续尺寸。

5.2 编辑尺寸标注

在 AutoCAD 中,可以对已经创建好的尺寸标注进行编辑操作,所做的编辑操作包括修改尺寸文本的内容、尺寸文字的位置、改变箭头的显示样式以及尺寸界限的位置等。AutoCAD 提供了多种编辑尺寸的方法,可对需要编辑的尺寸标注进行全面的修改编辑,还可以通过夹点操作快速编辑尺寸标注的位置、通过属性选项板修改选定尺寸的各属性值等。

5.2.1 编辑尺寸文字与尺寸界线角度

使用编辑尺寸文字和尺寸界线角度编辑命令(Dimedit)可以对指定的多个标注对象进行编辑修改。主要编辑尺寸文字的旋转角度和尺寸界线的倾斜角度。

输入命令的方式:

• 单击【标注】工具栏中的【编辑标注】按钮 A 。

• 命令行输入:dimedit ↙ (缩写 ded)。

命令行提示:

输入标注编辑类型 [默认(H)/新建(N)/旋转(R)/倾斜(O)] <默认>:r

指定标注文字的角度:30

选择对象:找到 1 个

选择对象:

编辑尺寸文字旋转角度的步骤如下:

(1) 执行编辑标注的命令。

(2) 输入标注编辑类型 [默认(H)/新建(N)/旋转(R)/倾斜(O)] <默认>:r ↙。

(3) 指定标注文字的角度:30 ↙。

(4) 选择对象:在绘图区拾取要编辑的尺寸,然后单击鼠标右键结束。

完成编辑尺寸文字的旋转角度,如图 5 - 11 所示。

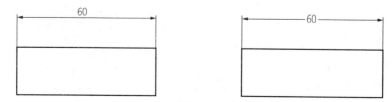

图 5 - 11　编辑尺寸文字的旋转角度

编辑尺寸界线的倾斜角度的步骤如下：

（1）执行编辑标注的命令。

（2）输入标注编辑类型［默认（H）/新建（N）/旋转（R）/倾斜（O）］＜默认＞：0↙。

（3）选择对象：在绘图区拾取要编辑的尺寸，然后单击鼠标右键结束。

（4）输入倾斜角度（按"Enter"键表示无）：30↙。

完成编辑尺寸界线的倾斜角度，如图5-12所示。

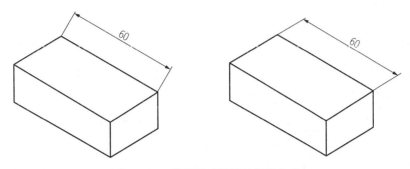

图5-12　编辑尺寸界线的倾斜角度

【默认（H）】：将按照默认的位置方向放置尺寸文本。

【新建（N）】：打开多行文字编辑器，对选择的尺寸标注对象进行编辑。

5.2.2　编辑尺寸标注的位置

使用编辑尺寸标注位置的命令（dimtedit）主要是调整尺寸文本的放置位置。

输入命令的方式：

● 单击【标注】工具栏中的【编辑标注文字】按钮 ▱。

● 单击菜单栏【标注】/【对齐文字】/【左（L）】或【右（R）】或【中心（C）】或【默认（H）】或【角度（A）】命令。

● 命令行输入：dimtedit ↙。

命令行提示：

选择标注：

指定标注文字的新位置或［左（L）/右（R）/中心（C）/默认（H）/角度（A）］：

具体步骤：

（1）执行编辑标注文字的命令。

（2）选择标注：选择要编辑的尺寸标注。

（3）指定标注文字的新位置或［左（L）/右（R）/中心（C）/默认（H）/角度（A）］：

移动鼠标光标来指定标注文字的新位置，或者在当前命令行中选择如下选项之一来定义尺寸文本的位置。

【左（L）】：将尺寸文本放置在尺寸线的左部。

【右（R）】：将尺寸文本放置在尺寸线的右部。

【中心（C）】：把标注文本放置在尺寸线的中间位置。

【默认（H）】：将标注文本按照默认位置放置。

5.2.3 编辑尺寸标注的内容

使用编辑尺寸标注内容的命令（ddedit）主要是编辑尺寸文本的内容。

输入命令的方式：

- 单击菜单栏【修改】/【对象】/【文字】/【编辑】命令。
- 命令行输入：ddedit ✓ （缩写 ed）。

命令行提示：

选择注释对象或〔放弃（U）〕：　　在绘图区选择想要修改的尺寸，则弹出多行文字编辑器，可在此编辑器中对尺寸文字的内容进行编辑。例如可在尺寸文字前加"4 –""φ"等，在尺寸文字后加"H6"、上下偏差等。编辑好尺寸标注内容，单击【文字格式】对话框的【确定】按钮即可。如图 5 – 13 所示。

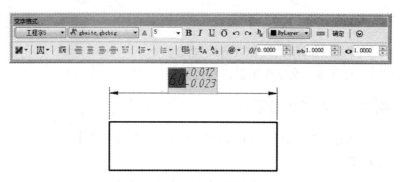

图 5 – 13　编辑尺寸标注内容

5.2.4 尺寸标注更新

方法一：要修改用某一种样式标注的所有尺寸，则在【标注样式管理器】对话框中修改该标注样式即可，则用该标注样式标注的所有尺寸便进行统一的修改。

方法二：【标注更新】命令。使所选尺寸更新为当前标注样式，即让一个尺寸从一种标注样式更新到另一标注样式。

输入命令的方式：

- 单击【标注】工具栏中的【标注更新】按钮 ⊞ 。
- 单击菜单栏【标注】/【更新】/命令。
- 命令行输入：dimstyle ✓ （缩写 d）。

命令行提示：

当前标注样式：水平　 注释性：否

输入标注样式选项

［注释性（AN）/保存（S）/恢复（R）/状态（ST）/变量（V）/应用（A）/？］<恢复>：

_ apply

选择对象：

尺寸标注更新的操作步骤如下：

（1）选择所需的标注样式作为当前标注样式。

（2）执行"标注更新"命令。

（3）选择对象：在绘图区选择尺寸标注，单击鼠标右键结束。

5.2.5　使用夹点调整标注位置

使用夹点可以很方便地移动尺寸线、尺寸界线和标注文字的位置。选中需调整的尺寸后，通过调整尺寸线两端或标注文字所在处的夹点来调整标注的位置，也可以通过调整尺寸界线夹点来调整标注长度。在绘图区中选择所需的尺寸，在尺寸上即显示夹点，用鼠标选中该尺寸线任一端的夹点并向上拖放到合适位置，放开鼠标后即移动了尺寸标注的位置。此时再选中该尺寸左边尺寸界线的夹点，将其向左拖动，并捕捉到左侧的端点，放开鼠标后即改变了该尺寸的标注长度。

5.2.6　通过属性选项板修改尺寸标注

用鼠标双击所选的标注尺寸，或选中标注尺寸后单击右键在弹出的快捷菜单中选择"特性"，则弹出尺寸的【特性选项板】对话框，如图 5 – 14 所示，在【特性选项板】对话框中可修改选定尺寸的各属性值。

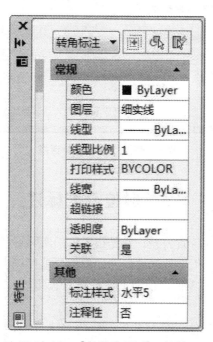

图 5 – 14　【特性选项板】对话框

5.2.7 尺寸关联

尺寸关联是指所标注尺寸与被标注对象有关联关系。如果标注的尺寸值是按自动测量值标注，且尺寸标注是按尺寸关联模式标注的，那么改变被标注对象的大小后相应的标注尺寸也将发生改变，即尺寸界线、尺寸线的位置都将改变到相应新位置，尺寸值也改变成新测量值。

关联标注的设置方法为，单击菜单栏【工具】/【选项】命令，在【选项】对话框中，打开【用户系统设置】选项卡，在【关联标注】选项组中选择【使新标注与对象关联(D)】复选框，如图 5 – 15 所示，这样标注的尺寸就会与标注对象尺寸关联。

图 5 – 15 【选项】对话框

5.3 形位公差标注

形位公差包括形状公差和位置公差，它是指零件的实际形状和实际位置对理想形状和理想位置的允许变动量。对于一般零件来说，它的形位公差可以由尺寸公差和加工设备的精度进行保证；而对于要求较高的零件，则根据设计要求，需要在零件图上注出有关的形位公差。

国家标准规定用代号来标注形位公差。形位公差代号包括：形位公差特征项目及符号（见表 5 – 1），形位公差框格及指引线，形位公差数值和其他有关符号，以及基准代号等。

表 5 – 1　形位公差特征项目及符号

公差		特征项目	符号	有无基准
形状	形状	直线度	▬	无
		平面	▱	无
		圆度	◯	无
		圆柱度	⌀	无
形状或位置	轮廓	线轮廓度	⌒	有或无
		面轮廓度	⌓	有或无
位置	定向	平行度	∥	有
		垂直度	⊥	有
		倾斜度	∠	有
	定位	位置度	⊕	有或无
		同轴度	◎	有
		对称度	⊕	有
	跳动	圆跳动	↗	有
		全跳动	↗	有

　　在 AutoCAD 中，形位公差的标注有两种方法：①用"公差"命令标注形位公差；②用"引线"命令标注形位公差。

5.3.1　用"公差"命令标注形位公差

输入命令的方式：

- 单击【标注】工具栏中的【公差】按钮 ⊞ 。
- 单击菜单栏中的【标注】/【公差】命令。
- 命令行输入：tolerance ↙（缩写 tol）。

弹出【形位公差】对话框，如图 5 – 16 所示。

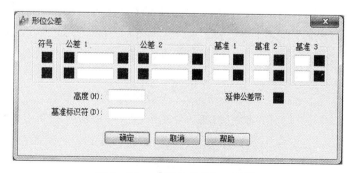

图 5 – 16　【形位公差】对话框

用"公差"命令标注形位公差的步骤如下：

（1）执行用"公差"命令标注形位公差的命令，弹出如图 5 - 16 所示的【形位公差】对话框。

（2）在【形位公差】对话框中，单击【符号】选项组中的第一个矩形，弹出如图5 - 17 所示【特征符号】对话框。

（3）在【特征符号】对话框中选择一个公差符号。

（4）在【公差1】选项组中，单击第一个黑框可插入直径符号"ϕ"，再次单击可取消。

（5）在【公差1】选项组中的文字框中，输入第一个公差值。

（6）如果有公差包容条件，在【公差1】选项组中单击第二个黑框（右侧），弹出如图 5 - 18所示【附加符号】对话框，然后在该对话框中选择要插入的符号。

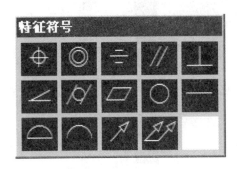
图 5 - 17　【特征符号】对话框

图 5 - 18　【附加符号】对话框

（7）根据设计要求，可在【基准1】、【基准2】和【基准3】选项组中输入基准参考字母，并且可单击各基准选项组中右侧相应的黑框，为每个基准参考插入附加符号。

（8）单击【确定】按钮，完成形位公差设置，绘图区中出现形位公差的标注。

（9）在绘图区中拖动鼠标指定形位公差特征控制框的放置位置。如图 5 - 19 所示。

图 5 - 19　形位公差标注示例

★ 需要时，可以在【形位公差】对话框【公差1】选项组中加入第二个公差值，操作过程与加入第一个公差值方式相同。

★ 可在【高度】文本框中输入形位公差的高度值。文本框形位公差的高度、字形均由当前标准样式控制。

★ 可单击【延伸公差带】方框插入符号。一般情况下不用选择。

★ 可在【基准标识符】文本框中添加一个基准值。一般情况下不用添加。

上述创建的形位公差没有引线，只是形位公差的特征控制框。然而在大多数情况下，创建的形位公差都带有引线，其引线和箭头要用引线标注命令绘制，故用此方法标注形位公差不太方便。

5.3.2　用"引线"命令标注形位公差

用"引线"命令标注形位公差，可克服用"公差"命令标注形位公差时没有引线和箭头的缺点，是标注形位公差较好的方法。

输入命令的方式：

- 命令行输入：leader　↙。

命令行提示：

指定引线起点：

指定下一点：

指定下一点或 ［注释（A）/格式（F）/放弃（U）］＜注释＞：

指定下一点或 ［注释（A）/格式（F）/放弃（U）］＜注释＞：

输入注释文字的第一行或 ＜选项＞：

输入注释选项 ［公差（T）/副本（C）/块（B）/无（N）/多行文字（M）］＜多行文字＞：T

用"引线"命令标注形位公差的步骤如下：

（1）在命令行中输入：Leader ↙。

（2）指定引线起点：在绘图区指定引线的起点。

（3）指定下一点：在绘图区指定引线的第二点，需要时指定引线折弯后的第三点，重复按"Enter"键直至命令行显示

（4）输入注释选项 ［公差（T）/副本（C）/块（B）/无（N）/多行文字（M）］＜多行文字＞：t ↙　弹出【形位公差】对话框，设置【形位公差】对话框中各项参数，单击【形位公差】对话框的确定按钮，如图 5–20 所示。

完成带引线和箭头的形位公差标注。如图 5–21 所示。

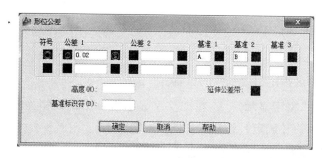

图 5–20　【形位公差】对话框

图 5–21　带引线和箭头的
形位公差标注示例

5.4 引线标注

在机械零件图样和装配图中，当采用多重引线标注时，先在【多重引线样式管理器】对话框或【样式】工具栏中选择一种多重引线样式设置为当前多重标注样式，然后再进行多重引线标注。

输入命令的方式：

- 单击菜单栏中的【标注】/【多重引线】命令。
- 命令行输入：mleader ↙。

命令行提示：(引线基线优先)

指定引线箭头的位置或［引线基线优先（L）/内容优先（C）/选项（O）］＜选项＞：L

指定引线基线的位置：

命令行提示：(内容优先)

指定引线箭头的位置或［引线基线优先（L）/内容优先（C）/选项（O）］＜内容优先＞：C

指定文字的第一个角点或［引线箭头优先（H）/引线基线优先（L）/选项（O）］＜引

线箭头优先＞：

指定对角点：

指定引线箭头的位置：

命令行提示：(选项)

指定文字的第一个角点或［引线箭头优先（H）/引线基线优先（L）/选项（O）］：O

输入选项［引线类型（L）/引线基线（A）/内容类型（C）/最大节点数（M）/第一

个角度（F）/第二个角度（S）/退出选项（X）］＜退出选项＞：

多重引线标注的步骤如下：

(1) 执行多重引线标注的命令。

(2) 指定引线箭头的位置或［引线基线优先（L）/内容优先（C）/选项（O）］＜选项＞：

L ↙。

(3) 指定引线基线的位置：在绘图区指定引线基线的位置。

(4) 弹出【文字格式】对话框和"文字显示区"，在"文字显示区"中输入相关内容（如"12"），单击【文字格式】对话框的【确定】按钮。如图5–22所示。

图5–22 【文字格式】对话框

5.5　图块操作

　　块是图形对象的集合，通常用于绘制重复的图形。一旦将一组对象组合成块，就可以根据绘图需要将其多次插入到图形中任意指定的位置，且插入时还可以采用不同的比例和旋转角度。使用 AutoCAD 绘图时，常常需要绘制一些形状相同的图形，如果把这些经常需要绘制的图形分别定义成块（也可以说是定义成图形库），需要绘制它们时就可以用插入块的方法实现。这样做避免了重复性工作，提高绘图效率。

5.5.1　图块的创建

1）内部图块

输入命令的方式：

- 单击【绘图】工具栏中的【块定义】按钮 。
- 单击菜单栏中的【绘图】/【块】/【创建】命令。
- 命令行输入：block ↙。

打开如图 5 - 23 所示的【块定义】对话框。

图 5 - 23　【块定义】对话框

创建图块的步骤如下：

（1）绘制粗糙度符号。

（2）执行创建块命令。在【块定义】对话框中，输入要创建的图块的名称。如图 5 - 24 所示。

（3）拾取图形块的基点。单击【块定义】工具按钮 ，回到绘图区域选择源图形的一个断点为对象，然后单击鼠标右键结束，返回到【块定义】对话框，如图 5 - 25 所示。

图 5 – 24 　【块定义】对话框

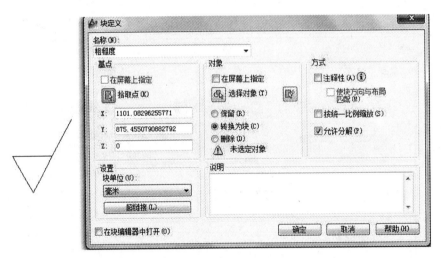

图 5 – 25 　指定基点

（4）选择对象。单击【块定义】对话框中对象栏工具按钮 ，选取要定义成块的图形对象。回到源图形，分别选取三条直线为对象，然后单击鼠标右键结束，返回到【块定义】对话框如图 5 – 26 所示。单击【确定】按钮，完成块的定义。

该对话框上其他选项的含义如下：

【方式】选项组用来指定块的设置。【注释性】复选框指定块是否为注释性对象。【按统一比例缩放】复选框，指定插入块时是按统一的比例缩放，还是沿各坐标轴方向采用不同的缩放比例。【允许分解】复选框指定插入块后是否可以将其分解，即分解成组成块的各基本对象。

【设置】选项组指定块的插入单位和超链接。

图 5 - 26 选择对象

【在块编辑器中打开】复选框，选中后可以在块编辑器中打开当前的块定义，从而进行编辑。

用 Block 命令定义的图块只能在定义图块的图形中调用，而不能在其他图形中调用。

2）外部图块

外部块可将图形文件中的整个图形、内部块或某些实体写入一个新的图形文件，其他图形文件均可以将它作为块调用。外部块定义的图块是一个独立存在的图形文件，相对于 Block 命令定义的内部块，它被称作外部块。

输入命令的方式：

● 命令行输入：wblock ↙（缩写 w）。

打开如图 5 - 27 所示的【写块】对话框。

图 5 - 27 【写块】对话框

创建外部图块的步骤如下：

（1）绘制基准符号。

（2）执行创建外部块命令。在【写块】对话框中，在【源】选项卡中选择【对象】选项。如图 5-27 所示。

（3）拾取图形块的基点。单击【写块】对话框中【基点】栏工具按钮 ，回到绘图区域选择源图形的一个断点为对象，然后单击鼠标右键结束，返回到【写块】对话框，如图 5-28 所示。

图 5-28　指定基点

（4）选择对象，单击【写块】对话框中【对象】栏工具按钮 ，选取要定义成块的图形对象。回到源图形，分别选取三个元素为对象，然后单击鼠标右键结束，返回到【写块】对话框如图 5-29 所示。

图 5-29　选择对象

（5）在【写块】对话框中【目标】栏指定生成块的保存路径和文件名，【插入单位】为毫米，如图5-30所示。

（6）单击【确定】按钮，生成基准符号外部块。

图5-30 【写块】对话框

5.5.2 插入图块

输入命令的方式：

- 单击【绘图】工具栏中的【插入块】按钮 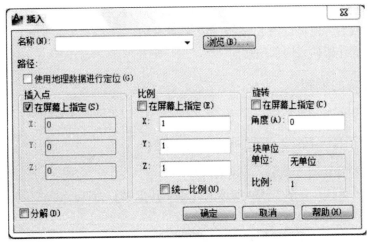。

- 单击菜单栏中的【插入】／【块】命令。

- 命令行输入：insert ↙（缩写 i）。

打开如图5-31所示的【插入】对话框。

图5-31 【插入】对话框

插入图块的步骤如下：

（1）执行插入命令。在【插入】对话框中，选择要插入的图块名称。如图 5 – 32 所示。

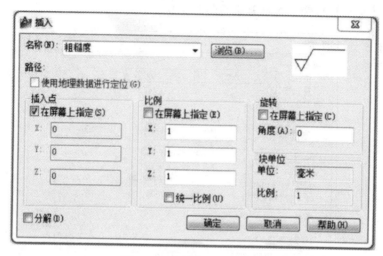

图 5 – 32　【插入】对话框

（2）单击【确定】按钮，回到绘图区域选择一个点作为插入点，如图 5 – 33 所示。

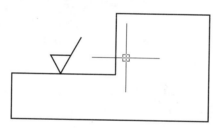

图 5 – 33　插入粗糙度符号

【插入】对话框中其他选项的含义如下：

【旋转】确定块插入时的旋转角度。可以直接在【角度】文本框中输入角度值，也可以选中【在屏幕上指定】复选框而通过绘图窗口指定旋转角度。

【分解】复选框，利用【分解】复选框，可以将插入的块分解成组成块的各个基本对象。此外，插入块后，也可以用 Explode 命令将其分解。

插入外部块操作跟插入内部块相同。

5.5.3　图块的编辑

输入命令的方式：

- 单击修改工具栏中的【标准】按钮 🖌 。
- 单击菜单栏中的【工具】/【块编辑器】命令。

执行该命令后会打开如图 5 – 34 所示的【编辑块定义】对话框。

编辑图块的具体步骤如下：

（1）按照上例生成一粗糙度图块。

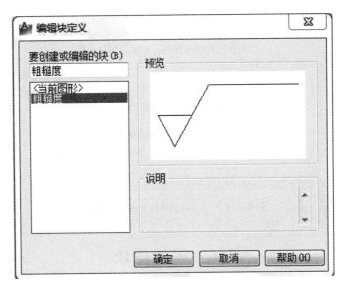

图 5 - 34　【编辑块定义】对话框

（2）执行块编辑器命令。弹出【编辑块定义】对话框，在左侧大列表框中选择需要编辑的粗糙度图块，右侧的预览框里会显示图块的形状。单击【确定】按钮，AutoCAD 打开块编辑器，进入块编辑模式，如图 5 - 35 所示。

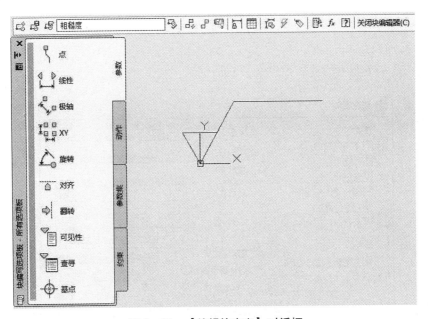

图 5 - 35　【编辑块定义】对话框

（3）在块编辑器中进行编辑（可修改形状、大小、绘制新图形等），如图 5 - 35 所示。

（4）编辑后单击对应工具栏上的按钮 关闭块编辑器 (C) ，AutoCAD 显示图所示的对话框，如图 5 - 36 如果选择"是"，则会关闭图块编辑器，并确认保存对块定义的修改。

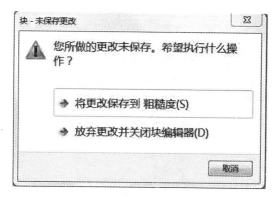

图 5 – 36　【AutoCAD】询问对话框

5.6　属性图块

属性是从属于块的文字信息，是块的组成部分。本节介绍如何为块创建属性、如何使用有属性的块及编辑属性图块。

5.6.1　属性图块的创建与使用

输入命令的方式：
- 单击菜单栏中的【绘图】/【块】/【定义属性】命令。
- 命令行输入：attdef ✓。

打开如图 5 – 37 所示的【属性定义】对话框。

图 5 – 37　【属性定义】对话框

创建图块的步骤如下：

（1）绘制粗糙度符号。

（2）定义文字样式"文字35"。

（3）执行定义属性命令。在【属性定义】对话框中，按图设定参数。如图5–38所示。

图5–38　【属性定义】对话框

（4）单击【确定】按钮。AutoCAD提示指定起点，在此提示下用鼠标在绘图区选择点，确定属性在图块中的插入点位置，即完成标记为ABC的属性定义，且AutoCAD将该标记按指定的文字样式和对齐方式显示在对应位置。如图5–39所示。

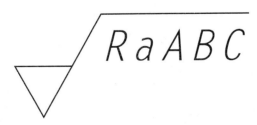

图5–39　定义含有属性的粗糙度符号

（5）定义块。执行【定义块】命令，AutoCAD弹出块定义对话框，在该对话框中选择插入几点和用于定义块的对象，包括组成粗糙度符号的3条直线及上一步定义的属性。如图5–40所示。

（6）单击对话框中【确定】按钮，AutoCAD弹出【编辑属性】对话框，如图5–41所示。

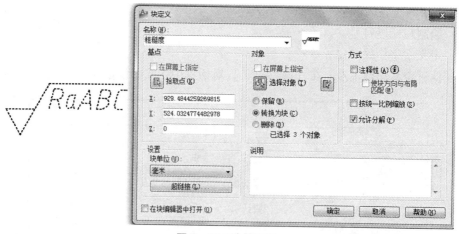

图 5 - 40   选择对象

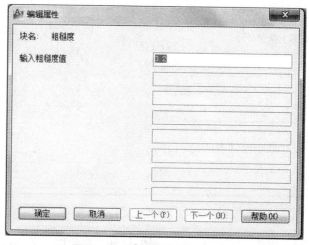

图 5 - 41   【编辑属性】对话框

（7）单击【编辑属性】对话框中【确定】按钮，完成块的定义，并显示出一个对应的块。如图 5 - 42 所示。

图 5 - 42   粗糙度块

对话框中其他选项的含义如下：

【模式】选项组用来设置当在图形插入块时，与块对应的属性值的模式。【不可见】复选框，设置插入块后是否显示属性值。【固定】复选框，设置属性是否为固定值。【验证】复选框，设置插入块时是否效验属性值。【预置】复选框，确定当插入有预置属性值的块时，是否将属性值设成默认值。【锁定位置】复选框，确定是否锁定属性在块中的位置。【多行】复选框，指定属性值是否可以包含多行文字。

建立了含有属性的粗糙度符号后，如果在执行插入图块命令时，AutoCAD 会提示输入属性值，也就是说该图块适合不同的粗糙度值的标注。如果直接按 "Enter" 键可以标注出默认值 3.2。

用户可以试着用一样的方法把基准符号定义成含有属性的块。

5.6.2 属性图块的编辑

1）修改属性定义

输入命令的方式：

- 单击菜单栏中的【修改】/【对象】/【文字】/【编辑】命令。
- 命令行输入：ddedit ✓。

命令行提示：

选择注释对象或［放弃 U］：

在此提示下选择包含属性的块后，系统弹出【编辑属性定义】对话框，如图 5 − 43 所示。

图 5 − 43 【编辑属性定义】对话框

2）编辑属性

输入命令的方式：

- 单击修改工具栏中的【修改Ⅱ】按钮 。
- 单击菜单栏中的【修改】/【对象】/【属性】/【单个】命令。
- 命令行输入：eattedit ✓。

命令行提示：

选择块：

在此提示下选择包含属性的块后，系统弹出【增强属性编辑器】对话框，如图 5 − 44 所示。

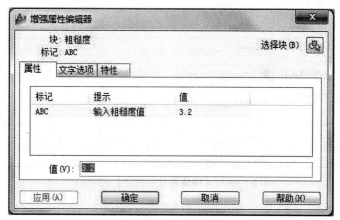

图 5 − 44 【增强属性编辑器】对话框

对话框中有【属性】、【文字选项】、【特性】3 个选项卡和其他一些项。下面分别介绍它们的功能。

【属性】选项卡。在该选项卡中，系统在列表框中显示出块中每个属性的标记、提示和值，在列表框中选中某一属性，系统会在【值】文本框中显示出对应的属性值，并允许用户通过该文本框修改属性值。

【文字选项】选项卡。该选项卡用于修改属性文字的格式，相应的对话框如图 5 – 45 所示。用户可以通过该对话框修改文字的样式、对齐方式、文字高度及文字行的旋转角度等。

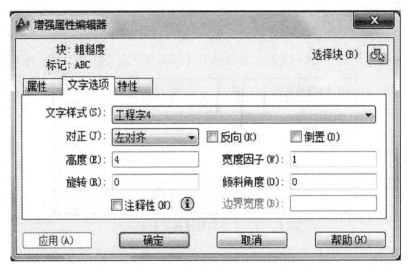

图 5 – 45　【增强属性编辑器】对话框

【特性】选项卡。该选项卡用于修改属性文字的图层等，对应的对话框如图 5 – 46 所示，通过对话框中的下拉列表框或文本框设置，修改即可。

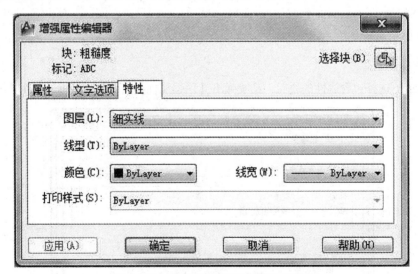

图 5 – 46　【增强属性编辑器】对话框

5.7　轴套类零件工程图样标注

下面以图 5 - 47 所示的输出轴为例讲解轴套类零件图样标注。

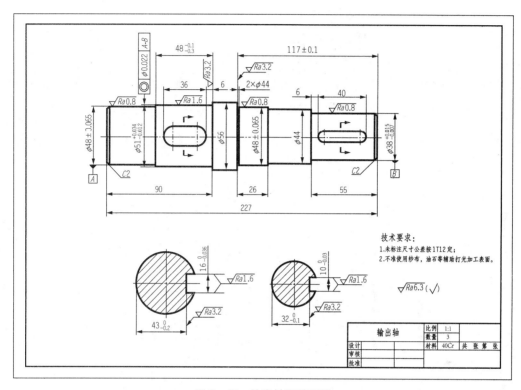

图 5 - 47　输出轴零件图样

一般情况下，按照以下步骤来标注零件尺寸：

（1）选择基准；

（2）考虑设计要求，标注功能尺寸；

（3）考虑工艺要求，标出非功能尺寸；

（4）补全尺寸、检查尺寸和调整尺寸，尽量做到标注规范、整洁。

完成绘制的传动轴的标注。

选择传动轴的轴向（长度方向）的尺寸基准是基本尺寸为 $\phi60$ 圆柱的左端面，径向（高度方向）的尺寸基准是圆柱轴线。

5.7.1　零件图样尺寸标注

1）标注轴向尺寸

（1）单击【样式】工具栏，在【标注样式】中选择"水平 5"，如图 5 - 48a 所示。将"尺寸线"层设为当前层。

图 5 - 48a 【样式】工具栏

（2）单击【标注】工具栏【线性】按钮 ⊢┤，利用【对象捕捉】功能，捕捉端点，标注轴向线性尺寸，如图 5 - 48b 所示。

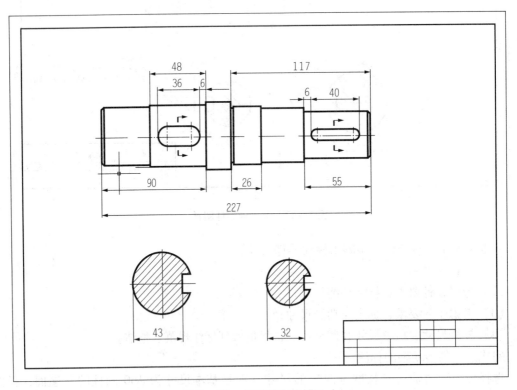

图 5 - 48b 标注轴向线性尺寸

2）标注径向尺寸

（1）单击【样式】工具栏，在【标注样式】中选择"平行 5"，如图 5 - 49a 所示。

（2）单击【标注】工具栏【线性】按钮 ⊢┤，利用【对象捕捉】功能，捕捉端点，标注径向线性尺寸，如图 5 - 49b 所示。

图 5－49a　【标注样式】对话框

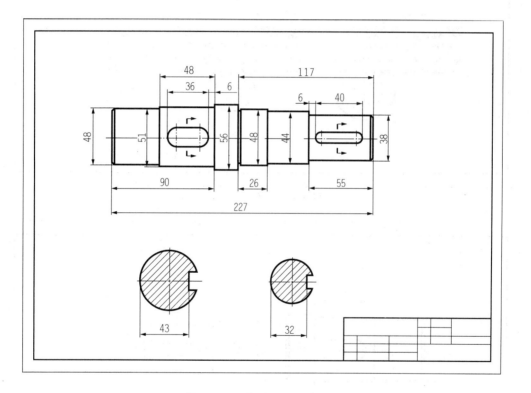

图 5－49b　标注径向线性尺寸

5.7.2　零件图样尺寸编辑

（1）在命令行输入 ed✓，单击选择剖面尺寸"43"，弹出【文字格式】对话框，在输入框中输入"0^－0.2"并选中，单击【堆叠】按钮 ，如图 5－50a 所示。单击【文字格式】对话框的【确定】按钮，完成公差的设置，如图 5－50b 所示。

（2）重复上述步骤完成其余公差设置，如图 5－50c 所示。

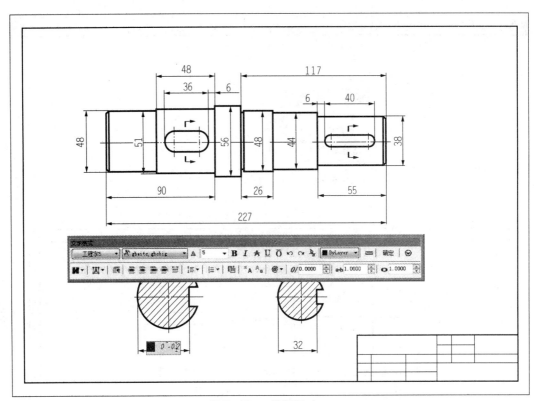

图 5-50a 编辑尺寸一

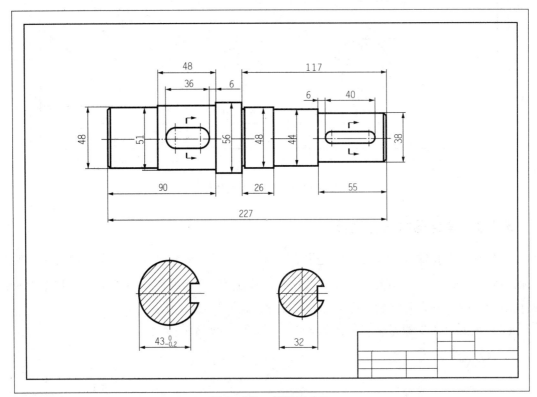

图 5-50b 编辑尺寸二

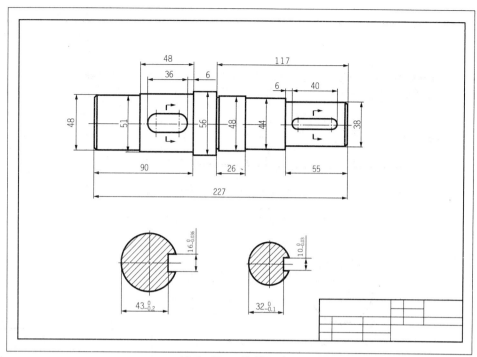

图 5 – 50c　编辑尺寸三

（3）重复上述步骤，单击径向尺寸"48"，在输入框中输入"%%c56"，或者单击图 5 – 50d 所示按钮选择"直径"符号，如图 5 – 50e 所示。单击【文字格式】对话框的【确定】按钮，完成直径的设置，如图 5 – 50f 所示。

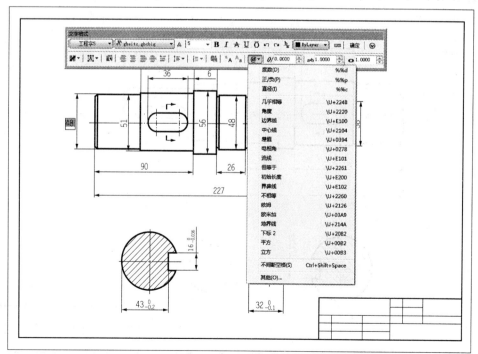

图 5 – 50d　编辑尺寸四

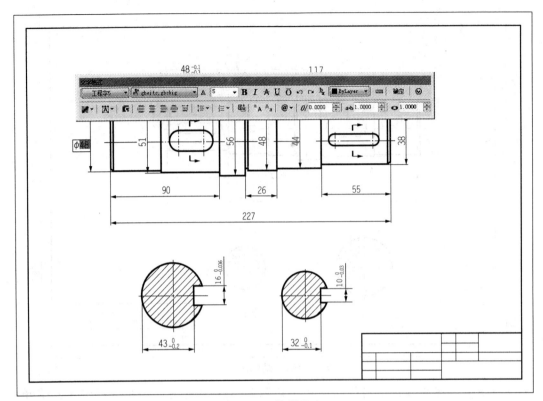

图 5-50e 编辑尺寸五

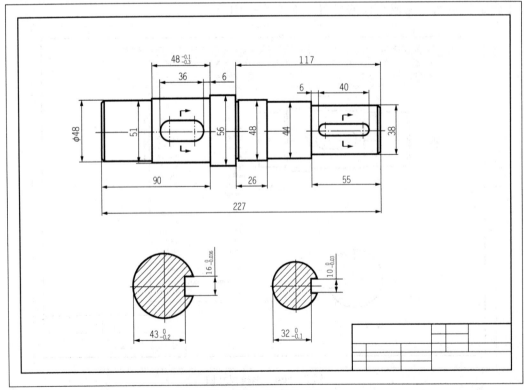

图 5-50f 编辑尺寸六

（4）参照步骤（3）编辑其他径向尺寸，如图 5 – 50g 所示。

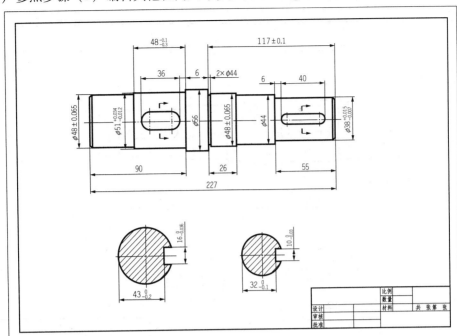

图 5 – 50g　编辑尺寸七

5.7.3　零件图样倒角标注

（1）单击【样式】工具栏，在【标注样式】中选择"无箭头引线"，单击【标注】／【多重引线】，在对话框中输入"C2"创建倒角标注，如图 5 – 51a 所示。

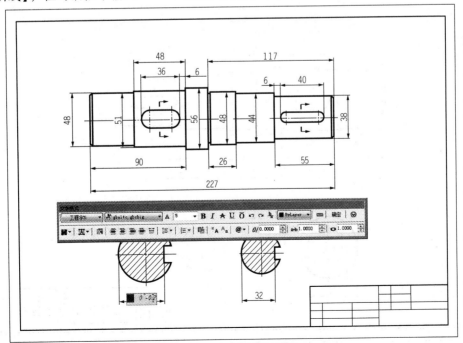

图 5 – 51a　创建标注引线

（2）单击【确定】按钮。完成倒角标注，如图 5 - 51b 所示。

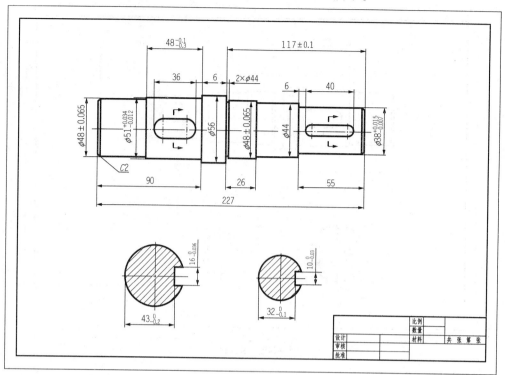

图 5 - 51b 倒角标注一

重复上述方法，标注另外一个倒角尺寸，如图 5 - 51c 所示。

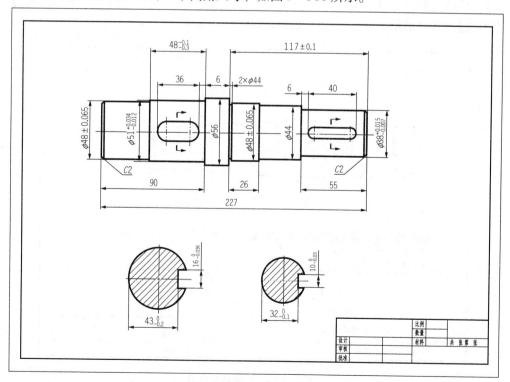

图 5 - 51c 倒角标注二

5.7.4　零件图样表面粗糙度标注

（1）创建如图 5 – 52a 所示粗糙度符号。

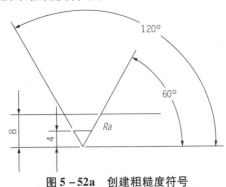

图 5 – 52a　创建粗糙度符号

（2）定义块属性，单击【绘图】/【块】/【定义属性】，打开定义块属性对话框，分别在【属性】栏的【标记（T）】输入"ABC"、【提示（M）】输入"输入粗糙度值"、【默认（L）】输入"3.2"、【文字设置】栏选择"工程字 5"如图 5 – 52b 所示。

图 5 – 52b　定义块属性一

（3）完成设置，单击【确定】，放置"ABC"，如图 5 – 52c 所示。

（4）按照 5.5.1 外部图块的创建步骤创建粗糙度块，如图 5 – 52d 所示。

图 5 – 562c　定义块属性二　　　　　　**图 5 – 52d　创建外部块**

（5）单击【插入】/【块】，弹出【插入块】对话框，如图 5 – 53a 所示；单击【确定】，选择放置位置，如图 5 – 53b 所示；在【输入粗糙度值】对话框输入所需要的粗糙度值，如图 5 – 53c 所示；单击【确定】完成粗糙度的标注，如图 5 – 53d 所示。

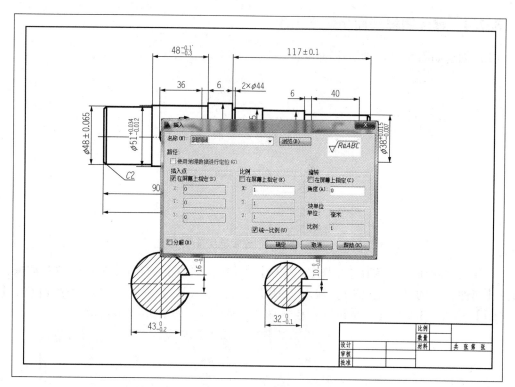

图 5-53a　粗糙度标注一

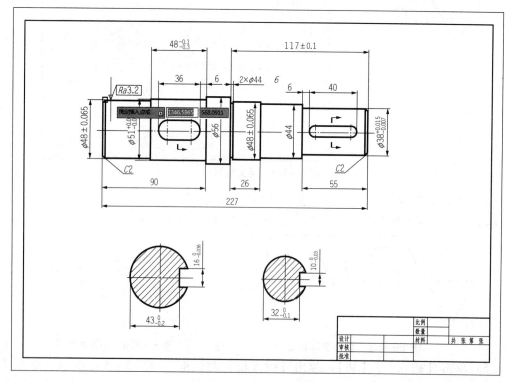

图 5-53b　粗糙度标注二

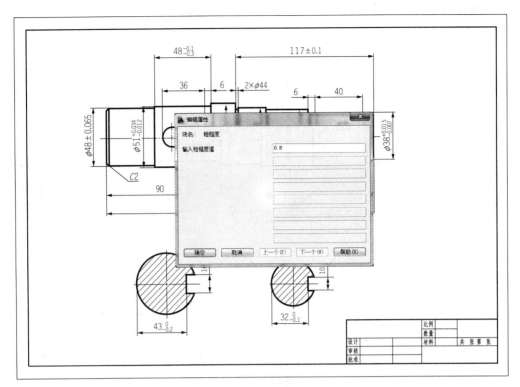

图 5－53c　粗糙度标注三

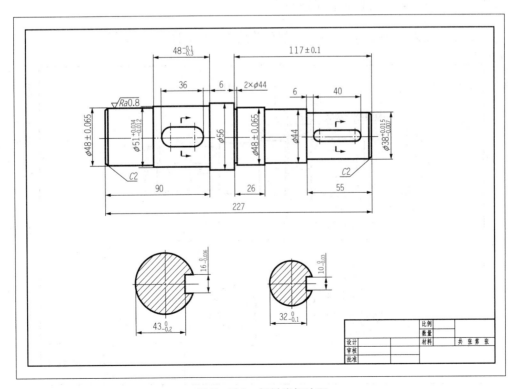

图 5－53d　粗糙度标注四

（6）用上述方式完成其他表面粗糙度的标注，如图 5－54 所示。

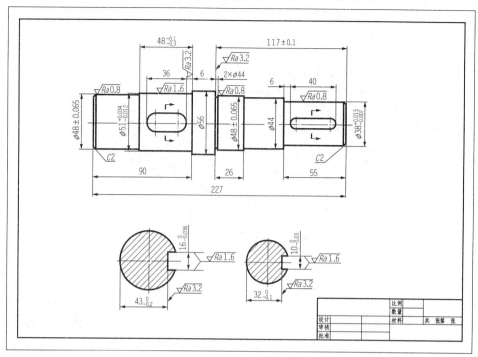

图 5－54　标注粗糙度

5.7.5　零件图样形位公差标注

（1）命令行输入：leader↙，选择形位公差放置位置如图 5－55a 所示。

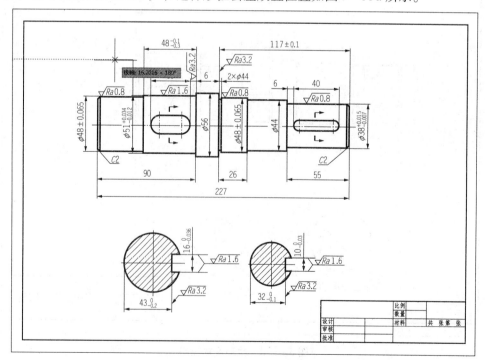

图 5－55a　形位公差标注一

（2）连续单击【回车】弹出【形位公差】对话框，如图 5 – 55b 所示。

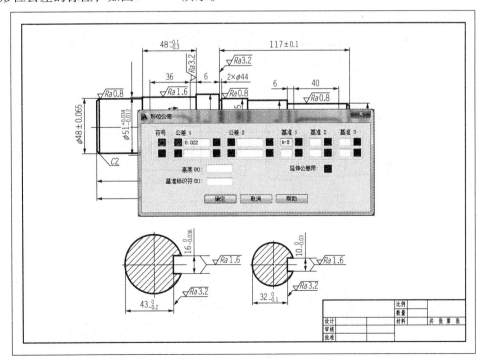

图 5 – 55b 形位公差标注二

（3）在【形位公差】对话框输入相应的形位公差，如图 5 – 55c 所示；单击【确定】，完成形位公差的标注，如图 5 – 55d 所示。

图 5 – 55c 形位公差标注三

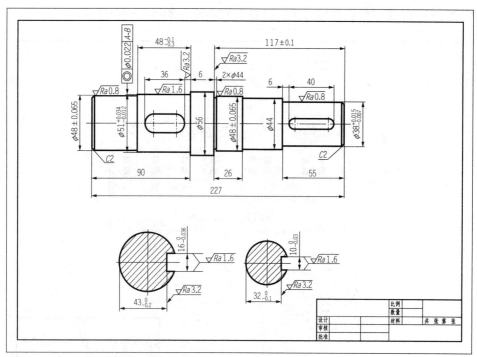

图 5-55d 形位公差标注四

5.7.6 填写技术要求及标题栏

单击【绘图】工具栏【多行文字】按钮 **A** ，填写技术要求和标题栏，完成输出轴工程图样的绘制，如图 5-56 所示。

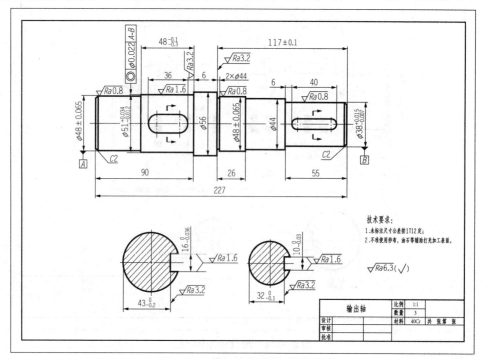

图 5-56 填写技术要求和标题栏

5.8　箱体类零件图样标注

下面以图 5 – 57 所示的涡轮箱体零件图样为例介绍箱体类零件图样的标注。

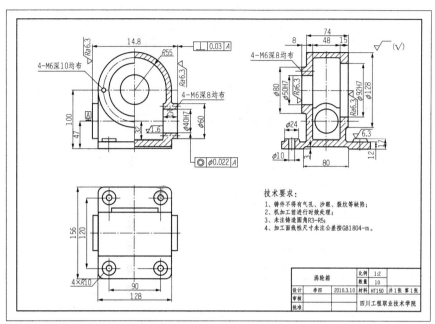

图 5 – 57　涡轮箱体零件图样

5.8.1　零件图样的尺寸标注

根据图形标注尺寸如图 5 – 58 所示。

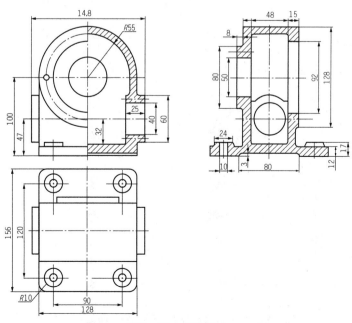

图 5 – 58　标注尺寸

5.8.2 零件图样的尺寸编辑

根据图形标注尺寸如图 5 - 59 所示。

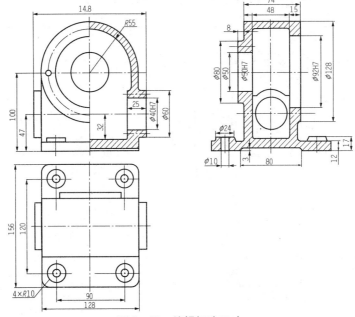

图 5 - 59　编辑标注尺寸

5.8.3 零件图样的其他标注

（1）标注表面粗糙度、形位公差和其余标注，如图 5 - 60 所示。

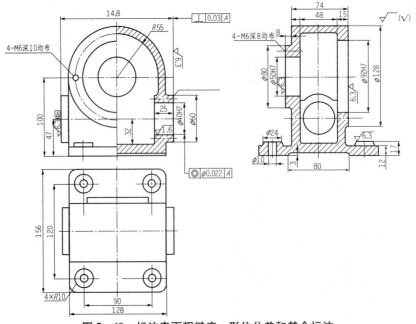

图 5 - 60　标注表面粗糙度、形位公差和其余标注

5.8.4 填写技术要求及标题栏

填写技术要求及标题栏，完成零件工程图的绘制，如图5-61所示。

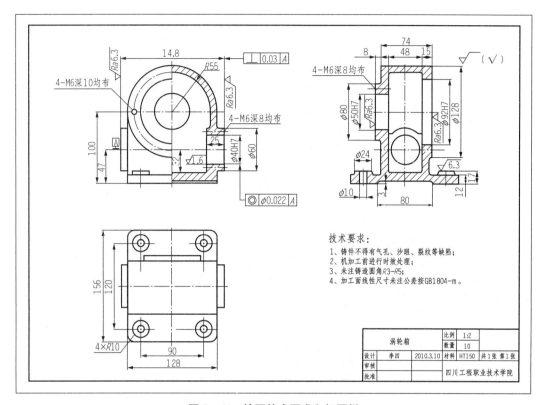

图 5-61 填写技术要求和标题栏

技术要求：

1、铸件不得有气孔、沙眼、裂纹等缺陷；
2、机加工前进行时效处理；
3、未注铸造圆角R3-R5；
4、加工面线性尺寸未注公差按GB1804-m。

第六章 AutoCAD 2012 辅助功能

AutoCAD 2012 中还提供了一类实用的辅助设计功能，包括查询、修改图形特征、快速计算器、绘图实用程序、快速选择、设计中心、符号库、工具选项板、打印设置等。灵活地使用这些使用辅助功能，可以使设计工作变得更加轻松自如，甚至达到事半功倍的效果。本章介绍几种辅助功能。

6.1 查询功能

AutoCAD 的图形是一个图形数据库，其中包括大量与图形相关的信息。使用查询命令就可以查询和提取这些图形信息。

查询功能包括：坐标的查询、两点间距离的查询、封闭图形的面积、面域和质量特性、图形对象的特性列表、系统变量等。

工具条如图 6-1 所示：

图 6-1 【查询】工具栏

6.1.1 坐标查询和距离查询

1）坐标查询

利用点坐标查询功能可以查询图形中某点的坐标。

输入命令的方式：

* 单击【查询】工具栏的【定位点】按钮 ⬚。
* 菜单栏中的【工具】/【查询】/【点坐标】。
* 命令行输入：id↙。

命令行提示：

指定点：

在查询点坐标时，通常通过对象捕捉确定要查询的点。执行该命令并拾取点后，系统将会列出该点的 X，Y，Z 坐标值。

例如，查询如图 6-2 所示端点 1 的坐标步骤如下：

（1）执行坐标查询的命令。

（2）指定点： X = 1 534. 838 6 Y = 574. 939 4 Z = 0. 000 0 拾取点 1。

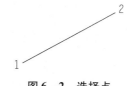

图 6 - 2　选择点

2）距离查询

利用距离查询命令可以查询屏幕上两点之间的距离、在 XY 平面的倾角、与 XY 平面的夹角、X 增量、Y 增量和 Z 增量。在查询距离时，通过指定两点，系统将会列出两点间的距离、X 增量、Y 增量和 Z 增量，这两点在 XY 平面中的倾角以及与 XY 平面的夹角。

输入命令的方式：

- 单击【查询】工具栏的【距离】按钮 ▦ 。
- 单击菜单栏中的【工具】／【查询】／【距离】；
- 命令行输入：dist ↙（缩写 di）。

命令行提示：

指定第一点：指定第二点

例如查询如图 6 - 2 所示的两点间的距离。

（1）执行距离查询的命令。

（2）指定第一点：指定第二点　　　分别选取直线的两个端点。

（3）距离 = 1 249.679 7，XY 平面中的倾角 = 27，　与 XY 平面的夹角 = 0

X 增量 = 1 113.815 1，　Y 增量 = 566.670 3，　Z 增量 = 0.000 0　　　显示查询结果。

6.1.2　面积查询和周长查询

可以计算和显示点序列或封闭对象的面积和周长。如果需要计算多个对象的组合面积时，可在选择集中每次加或减一个对象的面积，并计算总面积。

输入命令的方式：

- 单击【查询】工具栏：【面积】按钮 ▦ 。
- 单击菜单栏中的【工具】／【查询】／【面积】。
- 命令行输入：area（缩写 aa）↙。

命令行提示：

指定第一个角点或［对象（O）／加（A）／减（S）］：

方法一：按序列点查询面积和周长

（1）执行查询面积的命令，如图 6 - 3a 所示。

（2）指定第一个角点或［对象（O）／加（A）／减（S）］：拾取图中 A 点。

（3）指定下一个角点或按"Enter"键全选：拾取图中 B 点。

（4）指定下一个角点或按"Enter"键全选：拾取图中 C 点。

（5）指定下一个角点或按"Enter"键全选：拾取图中 D 点。

（6）指定下一个角点或按"Enter"键全选：↙ 按"Enter"键结束

（7）面积 = 145 828.163 4，周长 = 1 582.943 7　　　显示查询结果。

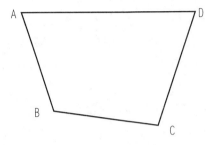

图 6 - 3a　选择查询对象

方法二：查询封闭对象的面积和周长

命令行系统提示：

（1）执行查询面积的命令。

（2）指定第一个角点或［对象（O）/加（A）/减（S）］：O ↙　执行对象选择。

（3）选择对象：直接选取上图中四边形。

（4）面积 =145 828.163 4，周长 = 1 582.943 7　　　显示查询结果。

方法三：利用加、减方式查询组合面积

查询图中所有剖面线表示的封闭区域的面积，如图 6 - 3b 所示，步骤如下：

（1）执行绘制椭圆的命令。

（2）指定第一个角点或［对象（O）/加（A）/减（S）］：s ↙　选择减的方式。

（3）指定第一个角点或［对象（O）/加（A）］：o ↙　选择对象选取方式。

（4）（"减"模式）选择对象：选择第 1 个小圆

面积 =196 385，圆周 4.53 长 =496.724 2 显示第 1 个小圆结果

总面积 = -19 634.538 5

（5）（"减"模式）选择对象：选择第 2 个小圆

面积 = 19 634.538 5，圆周长 = 496.724 2　　　显示第 2 个小圆结果

总面积 = -39 269.076 9

（6）（"减"模式）选择对象：选择第 3 个小圆

面积 = 19 634.538 5，圆周长 =496.724 2　　　显示第 3 个小圆结果

总面积 = - 58 903. 615 4

(7)　（"减"模式）选择对象：选择第 4 个小圆

　　面积 = 19 634. 538 5，圆周长 = 496. 724 2　　　　　显示第 4 个小圆结果

　　总面积 = - 78 538. 153 9

(8)　（"减"模式）选择对象：↙　按"Enter"键结束减模式的选择。

(9)　指定第一个角点或［对象（O）/加（A）］：a↙　选择加的方式。

(10)　指定第一个角点或［对象（O）/减（S）］：o↙　选择对象选取方式。

(11)　（"加"模式）选择对象：↙　　按"Enter"键结束加模式的选择。

　　面积 = 526 070. 563 5，圆周长 = 2 571. 147 2　　　　显示结果。

　　总面积 = 447 532. 409 6

(12)　（"加"模式）选择对象：↙　按"Enter"键结束加模式的选择。

　　指定第一个角点或［对象（O）/减（S）］：↙　按"Enter"键结束命令。

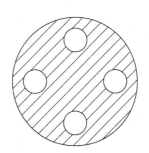

图 6 - 3b　选择查询对象

6.1.3　面域/质量特性查询

查询面域/质量特性包括面域的面积、周长、边界框、质心、惯性矩等参数，也可以计算三维对象的质量、体积、质心、惯性矩、旋转半径等，这对于工程设计人员来说是非常有用的。这些查询数据结果还可以被写到文件中，以便查询。

输入命令的方式：

- 单击【查询】工具栏：【面域/质量特性】面域按钮 ![按钮]。
- 菜单栏中的【工具】/【查询】/【面域/质量特性】。
- 命令行输入：massprop↙。

命令行提示：

选择对象：

对图 6 - 4a 两个面域执行面域/ 质量特性，步骤如下：

命令行提示：

选择对象：找到 1 个　　选择面域 1

选择对象：找到 1 个，总计 2 个　　　　　　　选择面域 2

选择对象：↙　按 "Enter" 键结束选择

－ － － － － － － －　　面域　　－ － － － － － － －　　　　　查询结果

面积：　　　　1 143 237. 717 1

周长：　　　　5 064. 643 4

边界框：　　　X：1 405. 761 9　 － －　　2 557. 047 5

　　　　　　　Y：534. 230 9　 － －　　1 685. 516 6

质心：　　　　X：1 981. 404 7

　　　　　　　Y：1 109. 873 7

惯性矩：　　　X：1. 485 5E + 12

　　　　　　　Y：4. 565 6E + 12

惯性积：　　　XY：2. 514 1E + 12

旋转半径：　　X：1 139. 907 8

　　　　　　　Y：1 998. 383 0

主力矩与质心的 X - Y 方向：

　　　　　　I：77 248 550 373. 647 2 沿 [1. 000 0 0. 000 0]

　　　　　　J：77 248 550 373. 647 5 沿 [0. 000 0 1. 000 0]

是否将分析结果写入文件？［是（Y）/否（N）］＜否＞：

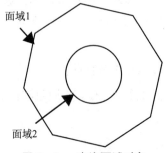

图 6 - 4a　查询面域对象

弹出【创建质量与面积特性文件】对话框，如图 6 - 4b 所示，然后将特性文件保存到指定的目录中。

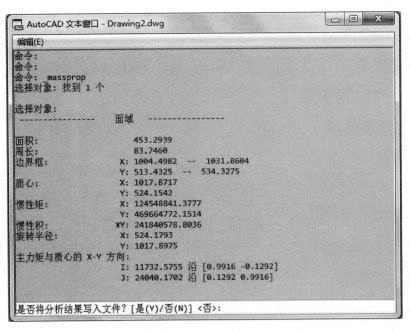

图 6 – 4b　文本窗口

6.1.4　列表查询

在 AutoCAD 中，如果要查询图形对象的类型、所在图层、模型空间、形状大小、所在位置等特性时，可以选择以列表显示的方式来进行。

输入命令的方式：

- 单击【查询】工具栏：【列表】按钮 。
- 单击菜单栏中的【工具】/【查询】/【列表】。
- 命令行输入：list ↙。

命令行提示：

选择对象：

用列表显示的方式来查询如图 6 – 5a 所示的角钢截面图形（多段线）特性，步骤如下：

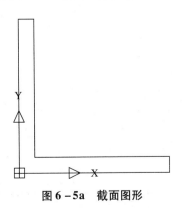

图 6 – 5a　截面图形

（1）执行列表查询的命令。

（2）选择对象：找到 1 个　　　　　　选取图形。

（3）选择对象：↙　　　　　　按"Enter"键结束选择。

LWPOLYLINE　图层：0　　　　　　列表显示内容。

空间：模型空间

句柄 = 1c2

打开

　固定宽度　　0.000 0

　面积　475.000 0

　长度　200.000 0

于端点　X = 0.000 0　Y = 0.000 0　Z = 0.000 0

于端点　X = 0.000 0　Y = 50.000 0　Z = 0.000 0

于端点　X = 5.000 0　Y = 50.000 0　Z = 0.000 0

于端点　X = 5.000 0　Y = 5.000 0　Z = 0.000 0

于端点　X = 50.000 0　Y = 5.000 0　Z = 0.000 0

于端点　X = 50.000 0　Y = 0.000 0　Z = 0.000 0

于端点　X = 0.000 0　Y = 0.000 0　Z = 0.000 0

系统弹出文本框，如图 6 - 5b 所示：

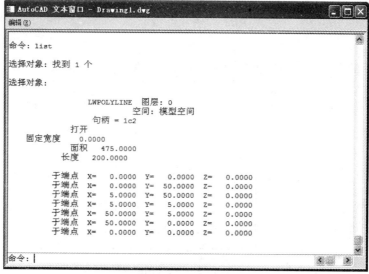

图 6 - 5b　文本窗口

6.2　设计中心

AutoCAD 设计中心类似于 Windows 资源管理器。通过设计中心，用户可以组织对图形、块、填充的图案和其他图形内容的访问。

6.2.1　设计中心的功能

概括起来，设计中心具有以下功能：

（1）浏览用户计算机、网络驱动器和 Web 页上的图形内容（如图形或符号库）。

（2）在定义表中查看其他图形文件中命名对象（如块和图层）的定义，将定义插入到当前图形。

（3）更新块定义（重新定义）。

（4）创建指向常用图形、文件夹和 Internet 网址的快捷方式。

（5）向图形添加内容（如块、填充等）。

（6）打开图形文件。

（7）将图形、块和填充的图案拖到工具选项板上，以便于访问。

输入命令的方式：

- 单击【标准】工具栏的【设计中心】按钮 ▦。

- 单击菜单栏中的【工具】／【选项板】／【设计中心】。

- 命令行输入：adcenter ↙。

打开如图 6-6 所示的【设计中心】对话框。

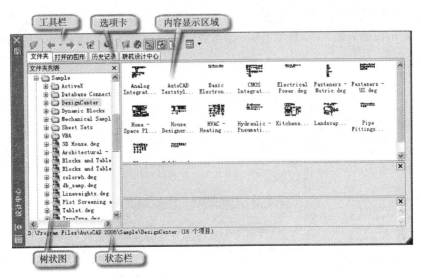

图 6-6　【设计中心】对话框

下面介绍设计中心窗口的 4 个选项卡。

1）【文件夹】选项卡

单击【文件夹】选项卡，如图 6-6 所示，显示计算机或网络驱动器（包括"我的电脑"和"网上邻居")中文件和文件夹的层次结构。

2)【打开的图形】选项卡

单击【打开的图形】选项卡，该选项卡中显示在当前环境中打开的所有图形。当选择某个图形时，则显示出该图形的有关设置，如标注样式、表格样式、布局、图层、块、外部参照、文字样式等，如果选择其中某个设置时，可在右边的内容显示区域中显示出该设置中的具体内容。如图6-7所示。

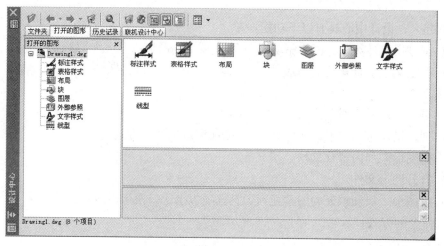

图6-7　【打开的图形】选项卡

3)【历史记录】选项卡

【历史记录】选项卡中显示了在最近操作时访问过的文件，包括具体的文件路径。

4)【联机设计中心】选项卡

如果用户的计算机建立了网络连接，则可以利用该选项卡访问联机设计中心网页。通过联机设计中心可以访问数以千计的符号、制造商的产品信息以及内容收集者的站点。该选项卡如图6-8所示。

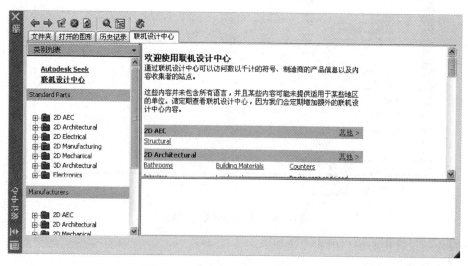

图6-8　【联机设计中心】选项卡

6.2.2　设计中心的使用

1) 利用设计中心打开图形文件

利用设计中心可以很方便地打开所选的图形文件。其操作步骤很简单，只要从内容显示区域的列表中找到欲打开的图形文件的图标，然后使用左键拖动图标到 AutoCAD 的主窗口中除绘图区域以外的任何地方，释放鼠标左键，可打开该文件。或者在内容显示区域的列表中鼠标右键单击要打开的图形文件的图标，然后从快捷菜单中选择【在应用程序窗口中打开】选项，如图 6 – 9 所示。

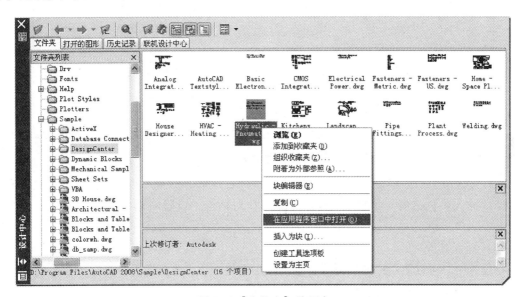

图 6 – 9 【文件夹】选项卡

2) 利用设计中心添加对象

利用设计中心可以将需要的对象（如图形、图层、标注样式、块、文字样式等）添加到当前图形文件中。

(1) 将图形文件添加到当前图形文件中，有以下两种方法。

①在设计中心的内容显示区域列表中，找到要插入的图形文件，使用鼠标左键将该图形文件拖放到当前绘图区域，释放鼠标左键，然后根据当前命令文本行的提示，在绘图区域选择插入点，输入 X 比例因子、指定旋转角度等，则可以将选定的图形文件插入到当前图形文件中。

②在设计中心的内容显示区域列表中，用鼠标右键单击要插入的图形文件，在弹出的快捷菜单中选择【插入为块】选项，系统打开如图 6 – 10 所示的【插入】对话框。利用该对话框可以在屏幕上指定插入点的位置，设定缩放比例，定义旋转角度等，确定后即可将图形文件作为块插入到当前图形文件中。

(2) 插入块，有以下两种方法。

①在设计中心的内容显示区域列表中，找到要插入到图形文件的块，用鼠标左键将其拖放到绘图区域，释放鼠标左键即可。

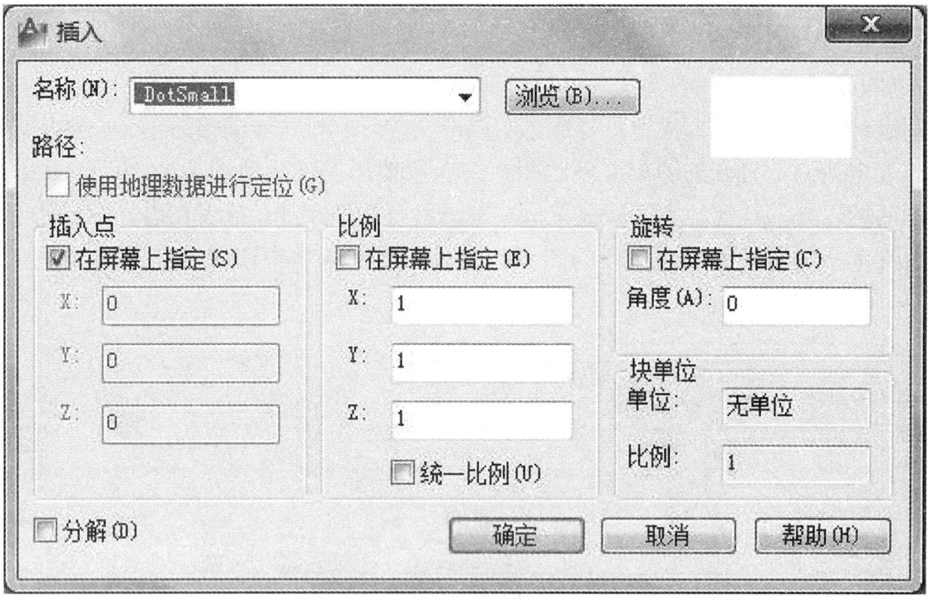

图 6 – 10 【插入】对话框

②在设计中心的内容显示区域列表中，用鼠标右键单击要插入的块，从弹出的快捷菜单中选择【插入块】选项，此时系统打开【插入】对话框，设置对话框上的相关选项和参数即可。

（3）插入其他。

在设计中心可以使用拖放的方式在当前图形文件中插入光栅图像、外部参照等内容，或者复制图层、文字样式、标注样式、线型、布局等。

6.3　工具选项板

工具选项板是一个实用的辅助设计工具，它提供了组织、共享和放置块及填充图案等的有效方法。工具选项板上海可以包含由第三方开发人员提供的自定义工具。

输入命令的方式：

- 单击【标准】工具栏中的【工具选项板窗口】按钮  。
- 单击菜单栏中的【工具】/【选项板】/【工具选项板】。
- 命令行输入：toolpalettes ✓。

打开如图 6 – 11 所示的【工具选项板】窗口。

1）工具选项板的使用

（1）利用工具选项板填充图案。

有两种通过工具选项板填充图案的方法。一种方法是单击工具选项板上的某一图案图标，单击后 AutoCAD 提示： 指定插入点：

此时在绘图窗口中需要在填充图案的区域内任意拾取一点，即可实现图案的填充。

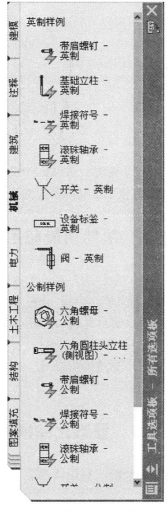

图 6-11　【工具选项板】窗口

　　另一种方法是通过拖放的方式填充图案：将工具选项板上的某一图案图标直接拖至绘图窗口中要填充的区域。

　　（2）利用工具选项板插入块和表格。

　　通过工具选项板插入块和表格的方法也有两种。一种方法是单击工具选项板上的块图标或表格图标，然后根据提示确定插入点等参数；另一种方法是通过拖放的方式插入块或表格，即将工具选项板上的块图标或表格直接拖至绘图窗口，就可以插入对应的块或表格。

　　（3）利用工具选项板执行各种 AutoCAD 命令。

　　通过工具选项板执行 AutoCAD 命令与通过工具栏执行命令的方式相同，即在工具选项板上单击对应的图标，然后根据提示操作即可。

　　2）定制工具选项板

　　可以为工具选项板窗口添加工具选项板，为工具选项板添加各种工具。

　　（1）添加工具选项板。

　　为工具选项板窗口添加工具工具选项板的方法是：打开"工具选项板"窗口，在选项板窗口上单击鼠标右键，从弹出的快捷菜单中选择"新建选项板"菜单项，即可按系统提供的默认名称建立新工具选项板。用户可以为新定义的选项板指定新名称。

（2）为工具选项板窗口添加工具。

用户可以用以下方法为工具选项板添加工具。

● 将几何对象（例如直线、圆和多段线）、标注的尺寸、文字、图案填充、块、表格等右拖至工具选项板。拖至工具选项板后，就会建立相应的图标。

● 使用"剪切""复制"和"粘贴"功能，将某一工具选项板上的工具移动或者复制到另一个工具选项板上。

● 在设计中心的树状视图区中的文件夹、图形文件或块上单击鼠标右键，在快捷菜单选择"创建工具选项板"，可创建出包含预定义内容的工具选项板。

6.4　帮助功能应用

AutoCAD 2012 提供了强大的帮助功能，用户在绘图或开发过程中可以随时通过该功能得到相应的帮助。AutoCAD 2012 的"帮助"菜单。选择"帮助"菜单中的"帮助"命令，AutoCAD 弹出"帮助"窗口，用户可以通过此窗口得到相关的帮助信息，或浏览 AutoCAD 2012 的全部命令与系统变量等。选择"帮助"菜单中的"新功能专题研习"命令，Auto-CAD 会打开"新功能专题研习"窗口。通过该窗口用户可以详细了解 AutoCAD 2012 的新增功能。

6.5　参数化绘图

AutoCAD 2012 新增了参数化绘图功能。利用该功能，当改变图形的尺寸参数后，图形会自动发生相应的变化。

6.5.1　几何约束

几何约束是在对象之间建立一定的约束关系。

命令：GEOMCONSTRAINT

执行 GEOMCONSTRAINT 命令，AutoCAD 提示：

输入约束类型：

[水平（H）/竖直（V）/垂直（P）/平行（PA）/相切（T）/平滑（SM）/重合（C）/

同心（CON）/共线（COL）/对称（S）/相等（E）/固定（F）] <平滑>：

此提示要求用户指定约束的类型并建立约束。其中，

【水平】选项用于将指定的直线对象约束成与当前坐标系的 X 坐标平行。

【竖直】选项用于将指定的直线对象约束成与当前坐标系的 Y 坐标平行。

【垂直】选项用于将指定的一条直线约束成与另一条直线保持垂直关系。

【平行】选项用于将指定的一条直线约束成与另一条直线保持平行关系。

【相切】选项用于将指定的一个对象与另一条对象约束成相切关系。

【平滑】选项用于在共享同一端点的两条样条曲线之间建立平滑约束。

【重合】选项用于使两个点或一个对象与一个点之间保持重合。

【同心】选项用于使一个圆、圆弧或椭圆与另一个圆、圆弧或椭圆保持同心。

【共线】选项用于使一条或多条直线段与另一条直线段保持共线，即位于同一直线上。

【对称】选项用于约束直线段或圆弧上的两个点，使其以选定直线为对称轴彼此对称。

【相等】选项用于使选择的圆弧或圆有相同的半径，或使选择的直线段有相同的长度。

【固定】选项用于约束一个点或曲线，使其相当于坐标系固定在特定的位置和方向。

6.5.2　标注约束

标注约束指约束对象上两个点或不同对象上两个点之间的距离。

命令：DIMCONSTRAINT

执行 DIMCONSTRAINT 命令，AutoCAD 提示：

选择要转换的关联标注或［线性（LI）/水平（H）/竖直（V）/对齐（A）/角度

（AN）/半径（R）/直径（D）/形式（F）］＜对齐＞

其中，【选择要转换的关联标注】选项用于将选择的关联标注转换成约束标注。其他各选项用于对相应的尺寸建立约束，其中【形式（F）】选项用于确定是建立注释性约束还是动态约束。

第七章　装配图绘制

装配图是表示机器或部件整体结构及其零部件之间装配连接关系的图样。合格的装配图应很好地反映出设计者的意图，并能够表达出机器、产品或部件的主要结构形状、工作原理、性能要求、各零部件的装配关系等。在产品的设计、装配、检验、安装调度等不同的生产环节中，装配图都是不可缺少的重要技术文件。

7.1　装配图基础知识

一般情况下，在设计或测绘一个机器或产品时，一般需要绘制装配图。设计过程可以先绘制装配图，然后再绘制具体的零件图。

一张完整的装配图具备如下内容。

1）必要的视图

该机械图样应正确、完整、清晰和简便地表达机器、产品或部件的工作原理、零件之间的装配关系和零件的主要结构形状。

2）必要的尺寸

只需标注机器或部件的性能（规格）尺寸、装配尺寸、安装尺寸、整体外形尺寸等与机器组装、使用、检修、安装等相关的尺寸。

3）技术要求

对于用视图表达不清楚的一些技术要求，通常采用文字和符号等进行补充说明。例如对机器或部件的加工、装配方法、检验要点、安装调试手段、包装运输等方面的要求。一般情况下，技术要求应该工整地注写在视图的右侧或下部。

（4）标题栏、零件序号和明细栏

装配图中每一种零部件均应编一个序号，并将其零件名称、图号、材料、数量等情况填写表和标题栏的规定栏目中，同时要填写好标题栏，以方便图样的管理。

图 7-1 所示是钻模板的装配图。

装配图主要用于表达工作原理和装配关系，为了使表达正确、完整、清晰和简练，根据装配的特点和表达要求，国家标准对装配图提出了一些规定画法和特殊画法。

在使用 AutoCAD 绘制装配图时，比较重要的规定画法如下：

（1）两个零件的接触表面（或基本尺寸相同且相互配合的工作面），只用一条轮廓线表示，不能画成两条线，非接触面用两条轮廓线表示。

（2）在剖视图中，相接触的两个零件的剖面线应不相同，即两个零件的剖面线方向应相反或间隔不等。当三个或三个以上零件接触时，除其中两个零件的剖面线倾斜方向不同外，第三个零件应采用不同的剖面线间隔，或者与同方向的剖面线位置错开。在各视图中，同一零件的剖面线方向与间隔必须一致。如图 7-2 所示。

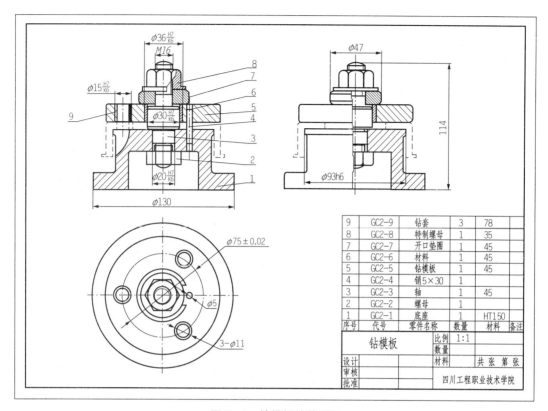

9	GC2-9	钻套	3	78	
8	GC2-8	特制螺母	1	35	
7	GC2-7	开口垫圈	1	45	
6	GC2-6	材料	1	45	
5	GC2-5	钻模板	1	45	
4	GC2-4	销5×30	1		
3	GC2-3	轴	1	45	
2	GC2-2	螺母	1		
1	GC2-1	底座	1	HT150	
序号	代号	零件名称	数量	材料	备注

钻模板		比例	1:1		
		数量			
设计		材料		共 张 第 张	
审核					
批准		四川工程职业技术学院			

图 7-1　钻模板的装配图

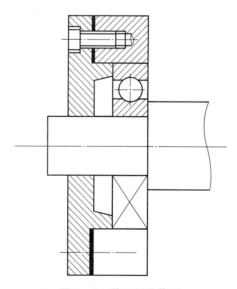

图 7-2　装配图的截图

（3）如果需要采用剖视图方式表达装配体，对于一些实心杆件（如轴、拉杆）和一些标准件（如螺母、螺栓、键、销），若剖切平面通过其轴线或对称面剖切这些零件时，可以采用简化画法，即只画零件的外形，不画其中的剖面线，如图 7-2 所示。如果实心杆件上有些结构和装配关系需要表达时，可采用局部剖视，但剖切平面垂直实心杆轴线剖切时，需画出其剖面线。

若需要表达某些零件的某些结构，如键槽、销孔、齿轮的啮合等，可用局部剖视表示。

窄剖面区域可全部涂黑表示，如图 7 - 2 中垫片的画法。涂黑表示的相邻两个窄剖面区域之间，必须留有不小于 0.7 mm 的间隙。

在使用 AutoCAD 绘制装配图时，需要注意如下的特殊画法：

1) 沿结合面剖切和拆卸画法

为了表示被某一零件遮挡部分的结构，可在视图中假想地拆去某些零件来表达。需要说明时，可注明"拆去 XX 零件"，或"拆去 X 号零件"。必要时还可采用拆卸和剖切相结合的方法。

2) 假想画法

如果需要表示本装配件与相邻部件或零件的连接关系时，可以用双点划线画出相邻部件或零件的轮廓。如果需要表示某零件的运动范围和极限位置时，也可以用双点划线画出该零件极限位置的轮廓，如图 7 - 3 所示。

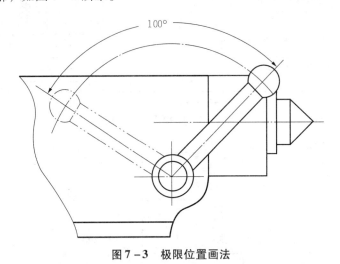

图 7 - 3 极限位置画法

3) 夸大画法

不接触表面和非配合面的细微间隙、薄垫片、小直径的弹簧等，可以不按比例画，而适当加大尺寸画出。如图 7 - 2 中垫片的画法。

4) 简化画法

在装配图中，对零件的工艺结构，如圆角、倒角、退刀槽等允许不画。滚动轴承、螺栓连接等可采用简化画法，如图 7 - 2 中滚动轴承、螺栓的画法。另外，一些零件工艺结构，如圆角、倒角、退刀槽等可以采用简化画法。

5) 单独零件的单独画法

在装配图中，如果需要特别说明某个零件的结构形状，可以单独画出该零件的某个视图，但要在所画视图的上方注写该零件的视图名称，在相应视图附近用箭头指明投影方向，并注写相同的字母。

7.2 绘制装配图的常用方法

使用 AutoCAD 绘制装配图时，主要有三种方式：

（1）直接绘制法。

（2）拼装绘制法：是先绘制出各个零件的零件图，再将零件图定义为图块文件或附属图块，然后采用拼装的方法拼装成装配图。

（3）由三维模型生成二维装配图：在 AutoCAD 中先建立产品的三维模型，然后通过投影的方式来生成二维装配图，这样生成的二维装配图往往不能满足设计要求，需要经过修改方可得到规范、合理的装配图。

这里主要介绍直接绘制法和拼装绘制法绘制装配图。

7.2.1 直接绘制法

采用直接绘制法绘制装配图的一般方法是：先初步拟定表达方案，包括选择主视图、确定视图数量和表达方式。然后利用 AutoCAD 提供的绘图工具、编辑工具（即修改工具）等，按照事先拟定的表达方案来绘制装配图图形，最后进行装配尺寸的标注、零件序号的编排、标题栏和明细栏的填写等。

1）拟定表达方案

在选择主视图时，一般按照部件的工作位置进行选择，选择的主视图应该最能表达机器、产品或部件的工作原理、传动系统、零件之间的主要装配关系及主要零件结构形状的特征。为了清楚地表达主要零件的装配关系，通常将通过装配轴线剖开部件，得到的剖视图将作为装配图的主视图。

选择好主视图后，还要根据机器、产品或部件的结构形状特征，选择适宜的表达方式及合适数量的视图来表达出装配体中的其他装配关系、零件机构以及形状等。根据实际情况可另外采用一个俯视图或一个左视图，以便完整地表达装配信息。拟定的三视图间的位置应尽量符合投影关系，并且做到图样的布局均匀、美观、整洁。

2）绘制装配图

绘制装配图的绘制过程如下：

（1）合理布局，绘制基准等。

根据拟定的表达方案，合理地布局各视图，绘制中心线。

（2）绘制其他图形。

绘制顺序可以有多种方案，比如可以从主视图画起，然后几个视图相互配合着一起画，或者先绘制某一个视图，然后再绘制其他视图。总之，方法是多样而且灵活的。在绘制每一个视图时，可以考虑选择从外向内进行绘制或者从内向外进行绘制。

从外向内进行绘制就是从机群、产品或部件的机体出发，逐次由外向里绘制各个零件，这样绘制的优点是便于从整体的合理布局出发，决定主要零件的结构形状和尺寸，其余部分也就很容易确定下来。而从内向外绘制就是从里面的主要装配结构或装配轴线开始，逐渐向外扩展，优点是可以从主要零件画起，按照装配顺序逐步向四周扩展，可以避免多次绘制被挡住零件的不可见轮廓线，绘制方式较为直观。

在绘制各视图时，需要注意各视图间要符合投影关系。各零件、各结构要素也要符合投影关系。绘制各个零件时，注意随时检查零件之间正确的装配关系，比如哪些面应该接触、哪些面应该具有空隙、零件间有无干涉等。

7.2.2 拼装绘制法

拼装方式绘制装配图：先准确地绘制各主要零件图或建立零件图图形库，然后采用拼装方式来绘制装配图。拼装绘制法绘制装配图的常用方法：①复制——粘贴的方法；②插入图块的方法；③插入文件的方法；④插入外部引用文件的方法。

方法一：用复制——粘贴法绘制装配图

操作步骤如下：

(1) 按尺寸绘制出装配图所需的各个零件图，不标注尺寸。

(2) 设置装配图所需的图幅，画出图框、标题栏等，设置绘图环境或调用样板文件。

(3) 分别将各零件图中的图形用剪贴板复制，然后粘贴到装配图中。

(4) 按装配关系修改粘贴后的图形，剪切掉多余线段，补画上所欠缺的线段。

(5) 标注装配尺寸，填写明细栏、标题栏、技术要求等，完成图形。

★ 此方法的缺点是：由于粘贴时插入点不能自定，所以应先将图形粘贴到图框外，再用移动命令或旋转命令将其移动或旋转到所需位置上。

方法二：用插入图块的方法绘制装配图

操作步骤如下：

(1) 按尺寸绘制出装配图所需的各个零件图，不标注尺寸，分别定义成块。

(2) 设置装配图所需的图幅，画出图框、标题栏等，设置其绘图环境或调用样板文件。

(3) 用插入图块的方法分别将各个零件插入到装配图中。

(4) 将图块打散，按装配关系修改图形。

(5) 标注装配尺寸，填写明细栏、标题栏、技术要求等，完成图形。

★ 此方法的优点是：由于图块都定义有插入基点，所以在插入图块时较容易对准位置。

方法三：用插入文件的方法绘制装配图

AutoCAD 的图形文件可以插入到不同的图形中，插入的图形文件相当于一个公共图块，因此，在绘制装配图之前，需要将装配图所需的各零件图完整画出，然后关闭尺寸线层。为了使插入的图形文件便于插入时控制，拼装装配图之前，应将各零件图文件分别定义一个插入基点，然后将其各自存盘，插入时，可参照插入公共图块的方法来装配各零件。

操作步骤如下：

(1) 按尺寸绘制出装配图所需的各个零件图，不标注尺寸。

(2) 为各零件图形定义插入基点（用【绘图】／【块】／【基点】命令），分别保存文件。

(3) 设置装配图所需的图幅，画出图框、标题栏等，设置其绘图环境或调用样板文件。

(4) 用【插入】／【块】命令，在弹出的【插入】对话框中，单击【浏览】按钮，如图 7 - 4 所示，弹出图 7 - 5 所示的【选择图形文件】对话框，在【选择图形文件】对话框中选中要插入的零件图，单击【打开】按钮，即可将各零件图形逐个插入到装配图中。

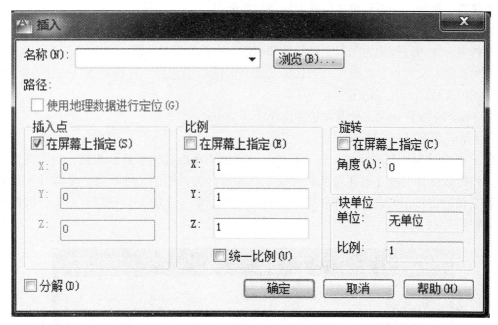

图7-4　【插入】对话框

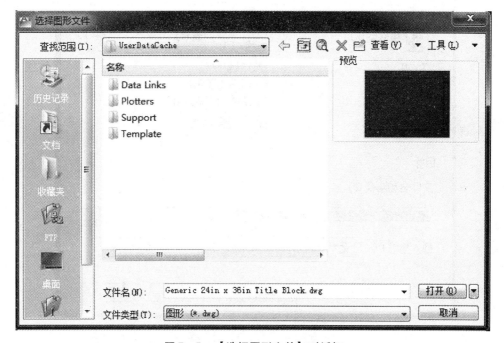

图7-5　【选择图形文件】对话框

（5）将需要修改的图形文件用【分解】命令打散（即每个插入的图形均是一个图块，需要分解后方可修改），按装配关系修改图形。

（6）标注装配尺寸，填写明细栏、标题栏、技术要求等，完成图形。

★ 此方法的优点与插入图块法相同。

方法四：用插入外部引用文件的方法绘制装配图

外部参照：在工程图中，为了减少重复的绘图工作，常常会将一整张图形调用到另一个图形文件中，这一过程称为图形文件的外部引用，也称外部参照。外部引用有两种形式：一种是把外部图形文件以公共图块的形式插入到当前图形中；另一种则是通过外部参照命令，将外部图形文件调入到当前图形文件中。

将外部图形文件定义为公共图块的操作步骤如下：

（1）命令行输入：wblock ↙。

（2）弹出【写块】对话框，在【写块】对话框中单击【拾取点】按钮，在绘图区选择图形文件的基点，单击【选择对象】按钮，在绘图区选择图形文件对象，单击【文件名和路径】右侧的按钮，可设置文件存储路径和文件名，单击【确定】按钮，完成公共图块的定义。如图 7－6 所示。

图 7－6 　【写块】对话框

若将一个图形文件作为图块插入到当前图形中，原图形文件与当前图形文件之间没有关联关系。但若将一个图形文件作为外部参照插入到当前图形中，两者之间便产生了关联关系，即如果原始文件做了修改，每次打开主图形时都会自动更新外部参照图形。

操作步骤如下：

（1）按尺寸绘制出装配图所需的各个零件图，不标注尺寸。

（2）将各零件图形定义为公共图块（用【wblock】命令），分别保存为文件。

（3）设置装配图所需的图幅，画出图框、标题栏等，设置其绘图环境或调用样板文件。

（4）用【插入】／【块】命令，在弹出的【插入】对话框中，单击【浏览】按钮，如图7－4所示，弹出图7－5所示的【选择图形文件】对话框，在【选择图形文件】对话框中选中要插入的零件图，单击【打开】按钮，即可将各零件图形逐个插入到装配图中。

（5）将需要修改的图形文件用【分解】命令打散（即每个插入的图形均是一个图块，需要分解后方可修改），按装配关系修改图形。

（6）标注装配尺寸，填写明细栏、标题栏、技术要求等，完成图形。

★ 此方法的优点是：修改或更新都很容易，且装配图文件所占磁盘空间较小。缺点是：所需的外部引用文件在引用后不能移动到其他位置（即不能改变原路径），否则装配图中将会缺少移动了的图形。如果不需要再做修改，可将装配图中所有零件图形"绑定"，装配图就与零件图形无关了。

★ 外部参照引用的图形文件在当前图形中被视为一个整体，引用的图形只能在当前图形中显示，不能在当前图形中修改，但是进行分解后便可在当前图形中修改引用的图形。

★ 外部参照文件带来的新层、字型或线型等不会成为当前文件的一部分。

★ 外部参照文件不能在磁盘上被任意移动位置，因为一旦产生外部引用文件的移动系统将会找不到这个文件，主图形中将不会出现引用的图形，并出现原文件的路径提示。

7.3　尺寸标注与注写技术要求

7.3.1　标注尺寸

绘制完装配视图的图形后，可以给装配图标注必要的尺寸。因为装配图的作用与零件图的作用不同，所以在图上标注尺寸的要求也不同。装配图中的尺寸是根据其作用来确定的，在装配图上应该按照对装配体的设计和生产的要求来标注某些必要的尺寸，主要用来进一步说明零、部件的装配关系和安装要求等信息。

装配图中的尺寸可以分为下列尺寸：

• 外形尺寸：表示机器、产品或部件外形所需要的尺寸就是外形尺寸。它反映了装配体的大小，提供了装配体在包装、运输和安装过程中所占的空间尺寸。

• 规格尺寸：表示机器、产品或部件的性能和规格的尺寸就是性能（规格）尺寸。这些尺寸在设计时就已是用户选择产品的主要依据。

• 装配尺寸：表示机器、产品或部件中各零件之间相互配合关系和相对位置所需要的尺寸就是装配尺寸。装配尺寸包括两种，一种是配合尺寸，表示两个零件之间配合的尺寸，另一种则是相对位置尺寸，表示装配机器和拆画零件图时，需要保证的零件间的相对位置尺寸。

• 安装尺寸：表示机器、产品或部件的安装在地基上或与其他机器或部件相连接时所需要的尺寸。

• 其他重要尺寸：是在设计中确定的，而又未包括在上述几类尺寸之中的主要尺寸，如运动件的极限位置尺寸，主体零件的重要尺寸等。

上述几类尺寸之间并不是互相孤立无关的，实际上有的尺寸往往同时具有多种作用。此外，在一张装配图中，也并不一定需要全部注出上述尺寸，应根据具体情况和要求具体确定。

7.3.2　注写技术要求

装配图上一般应注写以下几方面的技术要求：

- 装配过程中的注意事项和装配后应满足的要求，如准确度、润滑要求等。
- 检验、试验的条件和规范以及操作要求。
- 部件或机器的性能规格参数，以及运输使用时的注意事项和涂饰要求等。

7.4　编排零件序号与绘制明细栏

7.4.1　编排零件序号

装配图的图形一般较复杂，包含的零件种类和数目也较多，为了便于在设计和生产过程中统计零、部件的种类和数量，方便读图和管理，对装配图上每个不同零件或部件都必须编注一个序号，并将零、部件的序号、名称、材料、数量等项目填写在明细栏中。

零件序号的编写规定：

（1）装配图中每种零、部件都必须编写序号。同一装配图中相同的零、部件只编写一个序号且一般只注一次。数量写在明细栏中。零、部件的序号与明细栏中的序号要保持一致。

（2）序号由点、指引线、横线（或圆圈）和序号数字组成。在所指零、部件的可见轮廓内画一圆点，然后从圆点开始画指引线（细实线），在指引线的另一端画一水平线或圆（细实线）。在水平线上或圆内注写序号，序号的字高比该装配图中所注尺寸数字高度大一号或两号，若所指部分（很薄的零件或涂黑的剖面）内不便画圆点时，可在指引线的末端画出箭头，并指向该部分的轮廓。如图 7 – 7 所示。注意：在同一装配图中，编写零件序号的形式应一致。

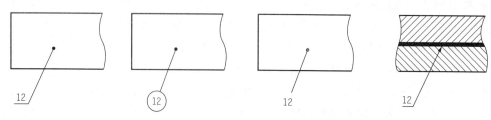

图 7 – 7　序号的标注方法

（3）零部件序号应沿水平或垂直方向按顺时针（或逆时针）方向顺次排列整齐，并尽可能均匀分布且不要彼此相交。当指引线通过有剖面线的区域时，尽量不要与剖面线平行，必要时可以画成折线，但只允许折弯一次。

（4）当标注螺纹紧固件或其他装配关系清楚的同一组紧固件时可采用公共指引线。如图 7 – 8 所示。

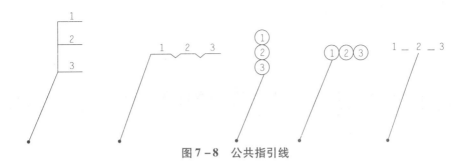

图 7 − 8　公共指引线

7.4.2　绘制明细栏

AutoCAD 提供了绘制表格的方法，在图形中插入表格而不需绘制由单独的直线组成的栅格，表格中可输入文字或添加块等。有两种绘制表格的方法：①用"表格"命令绘制表格；②用"工具选项板"上的表格工具绘制表格。这里介绍第一种方法。

用"表格"命令绘制表格

输入命令的方式：

- 单击【绘图】工具栏中的【表格】按钮 ▦ 。

- 单击菜单栏中的【绘图】/【表格】命令。

弹出【插入表格】对话框，如图 7 − 9 所示。

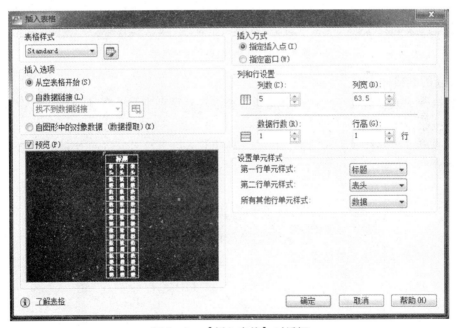

图 7 − 9　【插入表格】对话框

【插入表格】对话框界面介绍：

【插入方式】当选择【指定插入点】时，将以表格左下角点定位，当选择【指定窗口】时，将以在绘图区指定两个对角点画出窗口来定位表格。

【列和行设置】指定列（C）、列宽（D）、数据行（R）、行高（G）（默认为"1"，由文字高度决定）。

【表格样式】默认为"Standard"，单击右侧的 ⊞ 按钮，可弹出【表格样式】对话框，如图 7-10 所示。

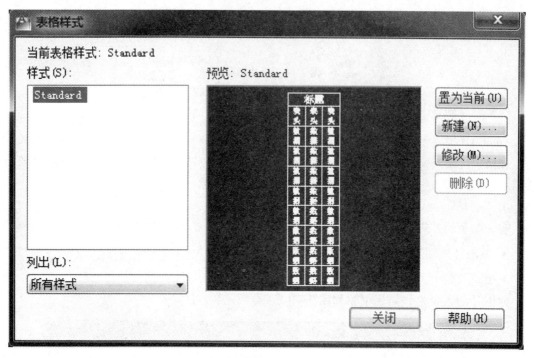

图 7-10 【表格样式】对话框

创建新的表格样式的步骤如下：

（1）执行"表格"命令。在弹出【插入表格】对话框中，单击【表格样式设置】右侧的"…"按钮，

（2）弹出【表格样式】对话框，单击【新建】按钮，可打开【创建新的表格样式】对话框。如图 7-11 所示。在【新样式名】框中输入新的表格样式名称"表格一"，单击【继续】按钮。

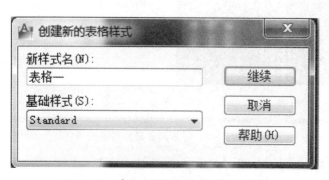

图 7-11 【创建新的表格样式】对话框

（3）打开图 7-12 所示的【新建表格样式】对话框。在【基本】选项卡的【对齐（A）】中选择"正中"，在【水平（Z）】、【垂直（V）】中设置为"0"。如图 7-12 所示。

图7-12 【新建表格样式】对话框

（4）在【文字】选项卡中可选择文字样式，单击【文字样式（S）】右侧的按钮"…"，可设置文字样式的字体、字型等；设置文字高度、颜色、角度，在【基本】、【边框】选项卡中可进行相应的设置，完成后单击【确定】按钮，返回到图7-10的【表格样式】对话框，此时，所设置的表格样式名将出现在样式列表框中。选择某种样式名，单击【修改】按钮，可对选择的样式进行修改，其修改内容与图7-13所示内容相同。

图7-13 【新建表格样式】对话框

绘制表格的步骤如下：

（1）执行【表格】命令。弹出【插入表格】对话框，在【表格样式】下拉列表中选择某种样式名。

（2）在【列和行设置】、【设置单元样式】中进行相应的设置，单击【确定】按钮。如图 7 – 14 所示。

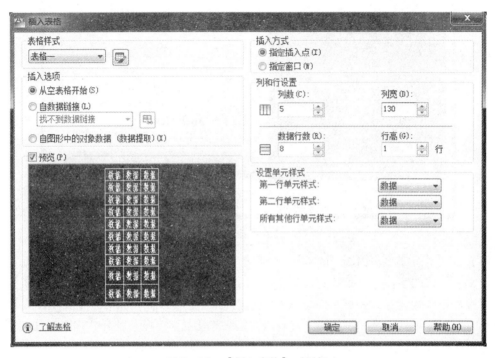

图 7 – 14　【插入表格】对话框

（3）在【设置单元样式】中将【第一行单元样式】、【第一行单元样式】设置为"数据"。

（4）返回到绘图区，选择表格的定位点。弹出【文字格式】对话框，选择某种文字样式，便可进行填写表格内容。如图 7 – 15 所示。

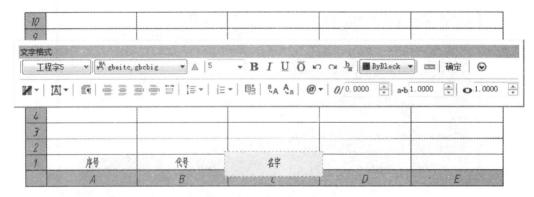

图 7 – 15　填写表格内容

★【数据行】指的是数据的行数，不包括第一行和第二行。

★ 在绘制明细栏时可将【第一行单元样式】和【第二行单元样式】设置为"数据"。

★ 在绘图区指定表格插入点后，所设置的表格将自动画出，光标出现在第一行的第一列中，并自动打开"多行文字"编辑器窗口，等待用户输入表格文字。按"Tab"键可移动光标到下一列输入，按回车键可移动光标到下一行输入。在表格中单击右键，可弹出快捷菜单选择插入符号等，输入结束时，单击【确定】按钮，关闭【文字格式】对话框。

★ 对已有表格中的文字进行修改，双击某文字可打开【文字格式】对话框进行修改。

★ 用"表格"命令创建的表格是规范表格，即表格的各行各列尺寸相同。如果使表格各列间距不同或行距不同，可采用【特性】功能进行修改。

装配图中的明细栏和标题栏均可采用绘制表格的方式进行绘制。

绘制明细栏的一般规则：

（1）明细栏一般由序号、代号、名称、数量、材料、重量、备注等组成，也可按实际需要增加或减少。

（2）明细栏一般配置在装配图中标题栏的上方，按由下而上填写。当位置不够时，可紧靠在标题栏的左方自下而上延续。当装配图中不能在标题栏的上方配置明细栏时，可作为装配图的续页按 A4 幅面单独给出，但其顺序应是由上而下延伸。明细栏的边框竖线为粗实线，其余均为细实线。

（3）对于标准件而言，明细栏中的"名称"栏除了填写零、部件名称外，还要填写其规格，而国标号应填写在"备注"栏中。

（4）装配图的标题栏和零件图的标题栏可以是一样的。明细栏绘制在标题栏的上方，外框左右两侧为粗实线，内框为细实线。

运用表格方式绘制标题栏的步骤如下（标题栏的规格如图 7-16 所示）。

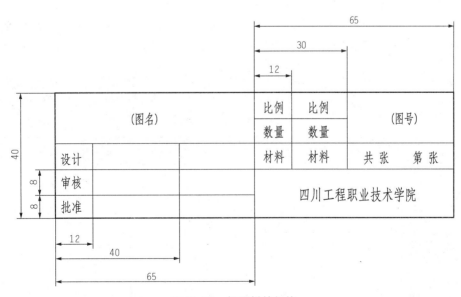

图 7-16 标题栏的规格

（1）执行【表格】命令。弹出【插入表格】对话框，在【表格样式】下拉列表中选择"表格一"样式名。

（2）在【列和行设置】中将【列（C）】设置为"6"，【列宽（D）】设置为

"12"，【数据行（R）】设置为"3"，【行高（G）】设置为"1"，在【设置单元样式】中将【第一行单元样式】、【第二行单元样式】设置为"数据"，单击【确定】按钮。如图 7 – 17a 所示。

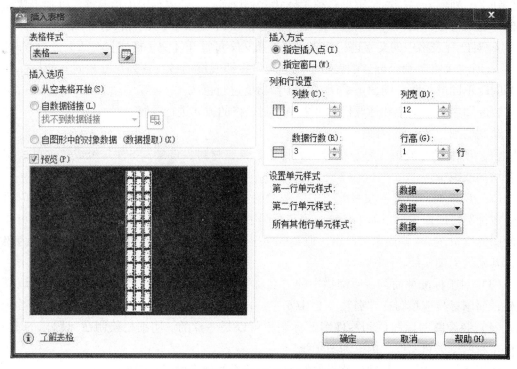

图 7 –17a 　【插入表格】对话框

（3）返回到绘图区，选择表格的定位点。弹出【文字格式】对话框，选择某种文字样式，单击【文字格式】对话框的【确定】按钮。如图 7 – 17b 所示。

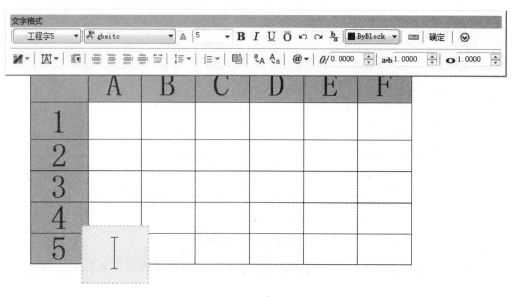

图 7 –17b 　表格内容

（4）在表格中单击第一行第一列的空格，单击鼠标右键在弹出的快捷菜单中选择【特性】，如图 7 - 17c 所示。

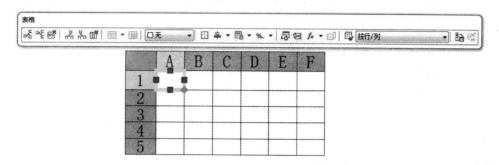

图 7 - 17c 选择所需空格

（5）在【特性】对话框中【单元宽度】、【单元高度】设置为"12""8"。如图 7 - 17d 所示。

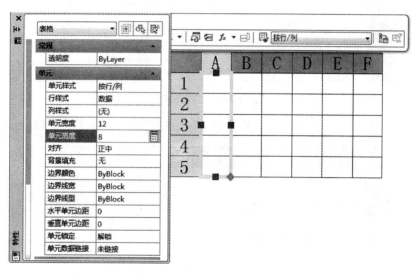

图 7 - 17d 【特性】对话框

（6）单击第一行第二列的空格，按照标题栏的尺寸要求设置【单元宽度】、【单元高度】，如此重复操作，即完成如图所示的表格。如图 7 - 17e 所示。

图 7 - 17e 完成的表格

（7）单击第一行第一列的空格右下角并拖动至如图 7 - 17f 所示处。

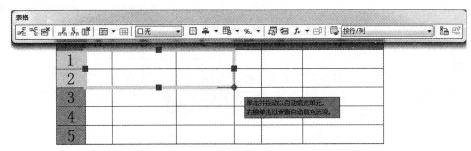

图 7 – 17f　选择所需空格

（8）单击鼠标右键在弹出的快捷菜单中选择【合并】/【全部】，也可在【表格】对话框中进行多次操作。如图 7 – 17g 所示。

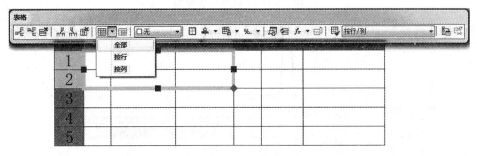

图 7 – 17g　合并空格

（9）重复步骤（7）和步骤（8），将表格右下角进行合并。如图 7 – 17h 所示。

图 7 – 17h　合并空格

（10）双击对应的空格，弹出，便可进行文字输入。如图 7 – 17i 所示。

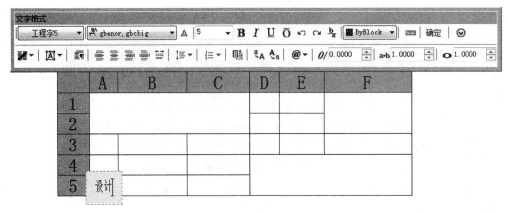

图 7 – 17i　多行文字编辑器

明细栏的绘制可仿照绘制标题栏的方法进行，这里不在叙述。某机械部件装配图的明细栏如图 7 – 18 所示。

4	GC1–4	销轴	4	Q235	
3	GC1–3	端盖	5	HT150	
2	GC1–2	套筒	5	HT150	
1	GC1–1	支架	3	HT150	
序号	代号	零件名称	数量	材料	备注

图 7 – 18　明细栏示例

7.5　装配图绘制示例

7.5.1　定位支架装配图的绘制

用复制—粘贴法绘制定位支架装配图。

操作步骤如下：

（1）按尺寸绘制出定位支架装配图所需的各个零件图，包括支架、套筒、端盖和销轴。如图 7 – 19a ~ 7 – 19d 所示。

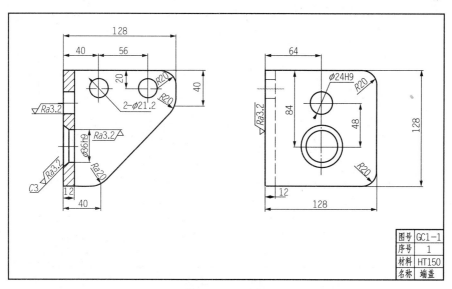

图号	GC1–1
序号	1
材料	HT150
名称	端盖

图 7 – 19a　支架

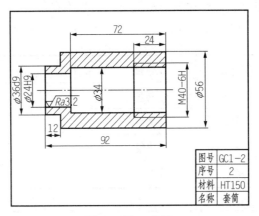

图 7 - 19b　套筒

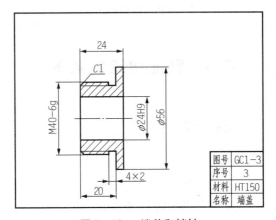

图 7 - 19c　端盖和销轴

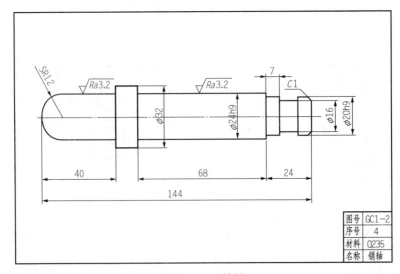

图 7 - 19d　销轴

（2）设置装配图所需的图幅，画出图框、标题栏等，设置绘图环境或调用样板文件。如图 7 - 19e 所示。

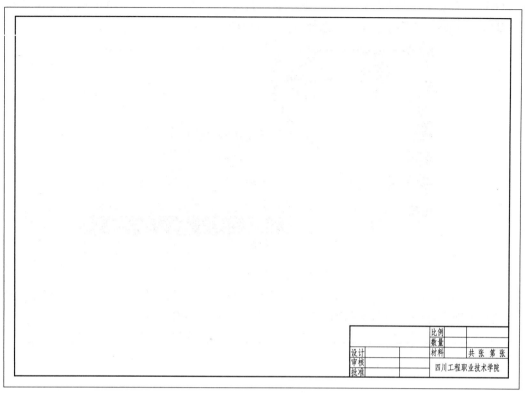

比例		
数量		
设计	材料	共　张　第　张
审核		
批准	四川工程职业技术学院

图 7 - 19e　A3 图样

（3）这里以支架零件为例。打开支架零件图，将零件图中的标注尺寸所在的"尺寸线"图层关闭。如图 7 - 19f 所示。

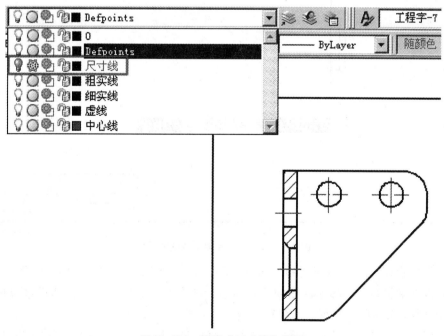

图 7 - 19f　关闭"尺寸线"图层

（4）将支架零件的主视图选中，单击鼠标右键，在弹出的快捷菜单中选择【带基点复制（B）】，在支架零件的主视图中选择基点。如图 7 – 19g 所示。

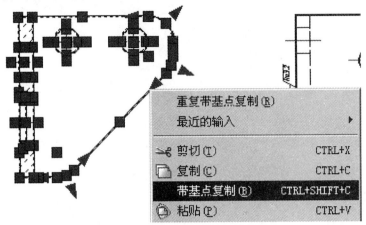

图 7 – 19g　复制支架零件的主视图

（5）打开 A3 样板图，单击鼠标右键，在弹出的快捷菜单中选择粘贴，在绘图区指定插入点便将支架零件的主视图粘贴到 A3 样板图中。如图 7 – 19h 所示。

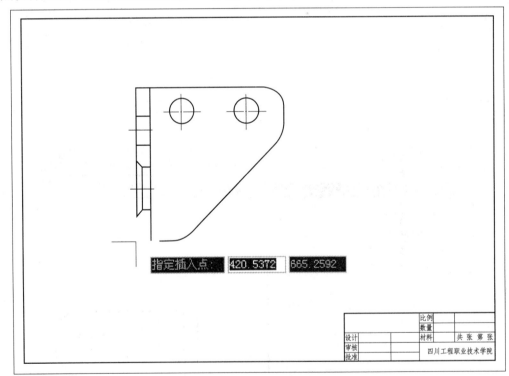

图 7 – 19h　粘贴支架零件的主视图

（6）重复步骤（3）、步骤（4）、步骤（5），将其余零件图依次粘贴到 A3 图样中。

（7）按装配关系移动各零件图的相互位置，使它们符合装配关系，然后修改拼装后的图形，剪切掉多余线段，补画上所欠缺的线段。

（8）标注装配尺寸，填写标题栏、绘制并填写明细栏等，完成图形。如图 7 – 20 所示。

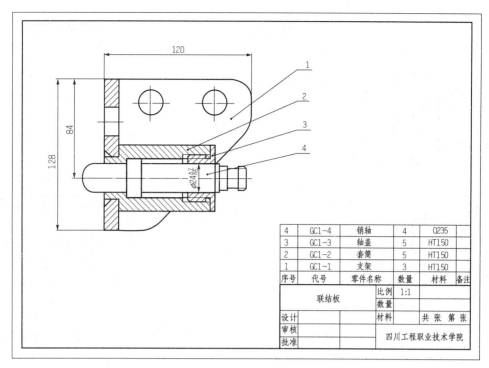

4	GC1-4	销轴	4	Q235	
3	GC1-3	轴盖	5	HT150	
2	GC1-2	套筒	5	HT150	
1	GC1-1	支架	3	HT150	
序号	代号	零件名称	数量	材料	备注

联结板		比例	1:1	
		数量		
设计		材料		共 张 第 张
审核				
批准		四川工程职业技术学院		

图 7-20 定位支架装配图

★ 按照机械制图绘制装配图的规定剪切掉多余线段，补画上所欠缺的线段。此环节非常重要。

7.5.2 千斤顶装配图的绘制

用插入文件的方法绘制千斤顶装配图。

操作步骤如下：

（1）按尺寸绘制出装配图所需的各个零件图，包括底座、螺母、螺杆、顶垫和挡圈，不标注尺寸。如图 7-21a ~ 图 7-21e 所示。

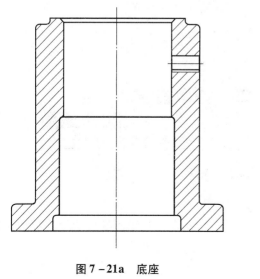

图 7-21a 底座

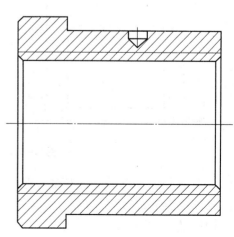

图 7-21b 螺母

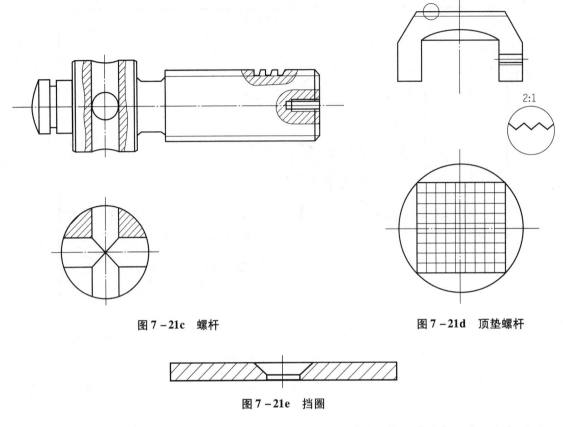

图 7 – 21c　螺杆

图 7 – 21d　顶垫螺杆

2:1

图 7 – 21e　挡圈

（2）这里以底座零件为例。打开底座零件图，执行【绘图】/【块】/【基点】命令，在绘图区中指定插入基点。如图 7 – 21f 所示。

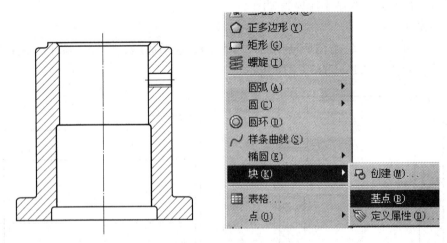

图 7 – 21f　指定插入基点

（3）重复步骤（2）依次为其余零件图指定插入基点。

（4）设置装配图所需的图幅，画出图框、标题栏等，设置其绘图环境或调用样板文件，如图 7 – 21g 所示。

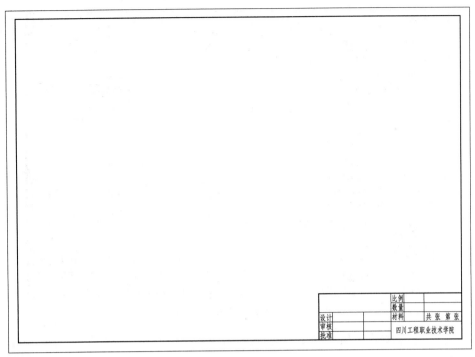

	比例		
	数量		
设计	材料		共 张 第 张
审核			
批准	四川工程职业技术学院		

图 7 - 21g　A3 图样

（5）用【插入】/【块】命令，在弹出的【插入】对话框中，单击【浏览】按钮，如图 7 - 21h 所示，弹出图 7 - 21i 所示的【选择图形文件】对话框，在【选择图形文件】对话框中选中要插入的零件图，单击【打开】按钮，即可将各零件图形逐个插入到装配图中。

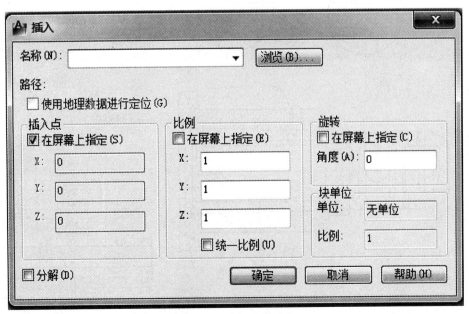

图 7 - 21h　【插入】对话框

（6）将需要修改的图形文件用【分解】命令打散（即每个插入的图形均是一个图块，需要分解后方可修改），按装配关系修改图形。

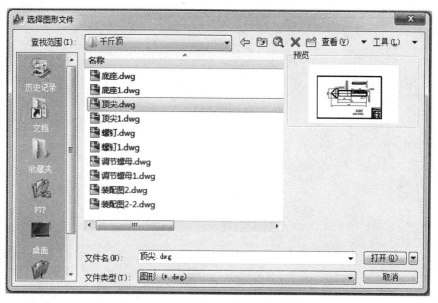

图 7 – 21i 【选择图形文件】对话框

（7）标注装配尺寸，填写标题栏、技术要求、绘制并填写明细栏等，完成图形。如图 7 – 22 所示。

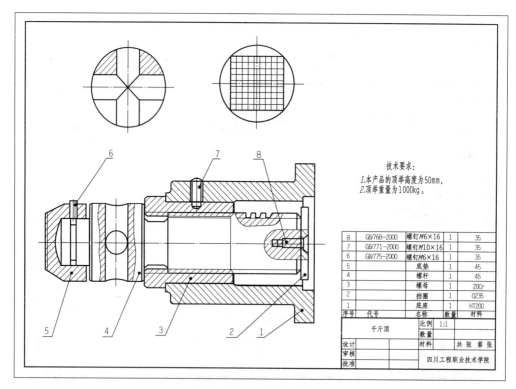

技术要求：

1.本产品的顶举高度为50mm，

2.顶举重量为1000kg。

8	GB/768-2000	螺钉M6×16	1	35
7	GB/771-2000	螺钉M10×16	1	35
6	GB/775-2000	螺钉M6×16	1	35
5		底垫	1	45
4		螺杆	1	45
3		螺母	1	20Cr
2		挡圈	1	Q235
1		底座	1	HT200
序号	代号	名称	数量	材料

千斤顶	比例	1:1	
	数量		
设计	材料		共 张 第 张
审核			
批准		四川工程职业技术学院	

图 7 – 22 千斤顶装配图

★ 按照机械制图绘制装配图的规定剪切掉多余线段，补画上所欠缺的线段。此环节非常重要。

第八章　轴测图绘制

工程上通常用多面正投影图来表达物体，每个视图表达物体一面的形状，画出的图形不变形。但是，这种方式下绘制的图形缺乏立体感，没有一定的读图基础不那么容易看得懂。于是，引入轴测图来表达物体的视图方式，即改变物体和投影面的相对位置，在一个视图上能同时反映三个方向的形状，画出的图形有立体感。

轴测图作为机械设计中的辅助图样，不仅在机械的制造和安装过程中有重要的作用，也是三维建模的基础。同时学习绘制轴测图有助于提高绘图的能力。

8.1　轴测图基础知识

轴测图是一种单面投影图。用平行投影法连同确定其空间位置的直角坐标系，沿不平行于任一坐标平面的方向，一起投射到选定的单一投影平面上所得投影。它能同时放映物体的正面、水平面和侧面形状，立体感较强。

在轴测图上，空间 X、Y、Z 坐标轴（投影轴）在轴测的投影称为轴测图，两根轴测轴之间的夹角称为轴间角，轴测轴上的单位长度与相应的轴测轴上的单位长度的比值称为轴向伸缩系数。OX 轴、OY 轴、OZ 轴的轴向伸缩系数分别用 p、q、r 表示。

根据投影方向的不同，轴测图分为正轴测图和斜轴测图两类。根据伸缩系数的不同，每类轴测图又可分为等轴测图（$p=q=r$）、二轴测图（$p=r\neq q$，$p=q\neq r$，$p\neq q=r$）和三轴测图（$p\neq r\neq q$）3 类。

由于轴测图是用平行投影法得到的，因此具有以下投影特性：

平行性：物体上相互平行的线段在轴测图上仍然相互平行；

定比性：物体上两平行线段的长度比在轴测图上保持不变；

真实性：物体上平行于轴测平行的平面在轴测图上反映真型。

与坐标轴平行的线段，都可以沿轴向进行作图和测量，而空间不平行于坐标轴的线段在轴测图上的长度不具备上述特征。

工程图中使用较多的是正等轴测图和斜二轴测图，本章只介绍正等轴测图。

8.2　正等轴测图环境设置

正等轴测图是在二维空间下绘制的立体图形，它与三维图形不一样，要正确绘制出正等轴测图，首先必须对绘图环境进行设置。

8.2.1　创建正等轴测图模式

输入命令的方式：

• 单击菜单栏中的【工具】/【草图设置】命令，在弹出的【草图设置】对话框中单击【捕捉和栅格】选项。

• 状态栏【栅格】按钮上单击鼠标右键，在快捷菜单中选择【设置（S）】，弹出【草图设置】对话框中的【捕捉和栅格】选项。

执行正等轴测图步骤如下：

（1）执行设置正等轴测图命令。

（2）在弹出的【草图设置】对话框中单击【捕捉和栅格】选项。在【捕捉类型】选项组中，选择【等轴测捕捉】选项，如图 8 - 1a 所示。

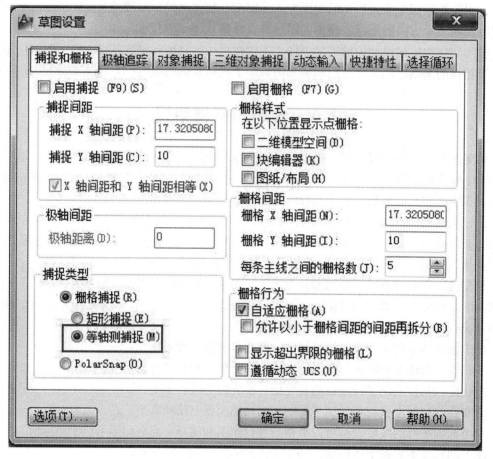

图 8 - 1a 【草图设置】对话框

（3）单击【极轴追踪】选项，选中【启用极轴追踪】选项框，在【极轴角设置】选项组中设置【增量角】为 "30"。在【对象捕捉追踪设置】选项组中，选择【用所有轴角设置追踪】选项，如图 8 - 1b 所示。

（4）单击【草图设置】对话框的【确定】按钮，完成正等轴测图的创建。此时启用了正等轴测捕捉模式，在绘图区的光标显示如图 8 - 1c 所示。

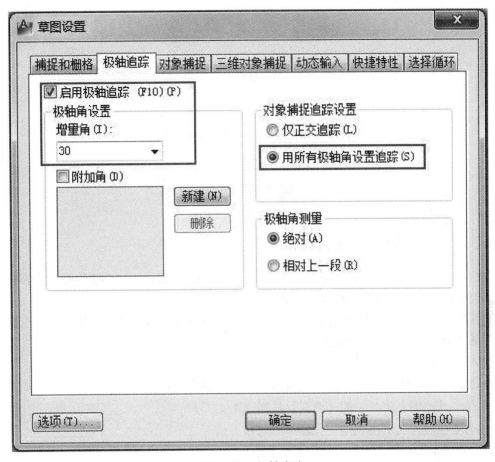

图 8 –1b 极轴追踪

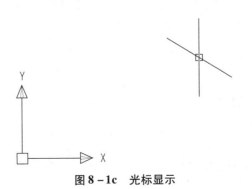

图 8 –1c 光标显示

8.2.2 正等轴测的切换

正等轴测投影的三个坐标平面，分别为顶面、左面、右面。正等轴测上的三个轴分别于水平方向成30°、90°、120°。

绘制等轴测图是需要不断的在顶面、左面、右面三个平面之间状态之间切换。切换平面的方法是按 "F5" 键或 "Ctrl + E" 键。三种平面状态的光标显示，如图 8 – 2 所示。

图 8-2 三种平面状态的光标显示

8.3 绘制正等轴测图

8.3.1 正等轴测图线条绘制

在启用正等轴测捕捉模式绘制等轴测图时，要启用正交模式，以方便绘图。在等轴测模式下绘制的图形通常为直线和椭圆（等轴测圆）。

直线的绘制和在二维图像绘制方法是一样的，比较简单，在此就不介绍了。下面具体介绍在等轴测捕捉模式下绘制等轴测圆的方法。

输入命令的方式：

- 单击菜单栏中的【绘图】/【椭圆】/【轴、端点】命令。
- 单击【绘图】工具栏的【椭圆】按钮 ⬭ 。
- 命令行输入：ellipse ↙。

命令行提示：

指定椭圆轴的端点或 ［圆弧（A）/中心点（C）/等轴测圆（I）］：I ↙

指定等轴测圆的圆心：

指定等轴测圆的半径或 ［直径（D）］：

执行等轴测圆步骤如下：

（1）执行等轴测圆绘制命令。
（2）在命令行输入 I ↙。
（3）指定圆心。
（4）指定等轴测圆的直径或半径。

8.3.2 绘制正等轴测图实例

下面以图 8-3 为例将介绍正等轴测图的绘制。

（1）选择【新建】命令 ▢ ，创建文件，如图 8-3 所示。

（2）执行正等轴测图模式，单击【图层】工具栏上的【图层设置管理器】按钮，弹出【图层设置管理器】对话框，设置线型、线宽参数，如图 8-4a 所示。在【状态栏】中打开【极轴】、【对象捕捉】和【对象追踪】功能开关。

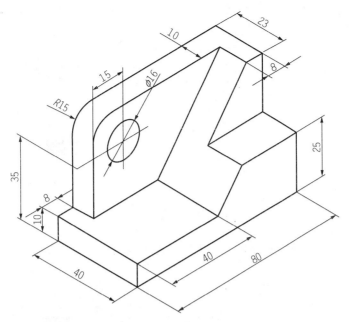

图 8 - 3   正等轴测图

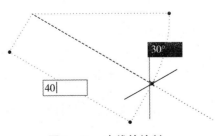

图 8 - 4a   设置图层

（3）将【粗实线层】置为当前层，单击【绘图】工具栏中的【直线】按钮 ✐ ，在绘图区单击鼠标左键确定直线第一点，右下侧移动光标选择 30°极轴方向，在当前命令行中输入 40 ✐ ，如图 8 - 4b 所示，完成一条直线的绘制。

图 8 - 4b   直线的绘制一

（4）向右上侧移动光标选择30°极轴方向，在当前命令行输入80 ↙，如图8-4c所示，完成一条直线绘制。

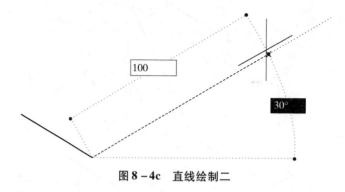

图8-4c　直线绘制二

（5）向正上方移动光标选择90°极轴方向，在当前命令行输入25 ↙，如图8-4d所示。

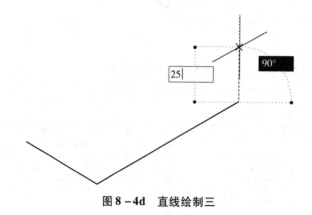

图8-4d　直线绘制三

（6）向左上方移动光标选择150°极轴方向，在当前命令行输入17 ↙，如图8-4e所示。

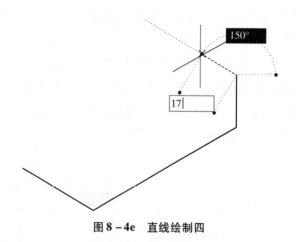

图8-4e　直线绘制四

（7）向正上方移动光标选择90°极轴方向，在当前命令行输入25 ↙，如图8-4f所示。

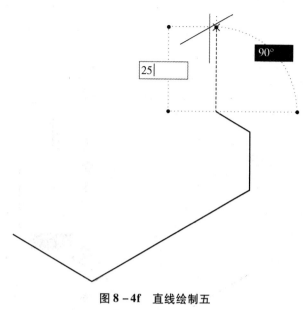

图 8 – 4f 直线绘制五

（8）向左上方移动光标选择 150°极轴方向，在当前命令行输入 17 ↙，如图 8 – 4g 所示。

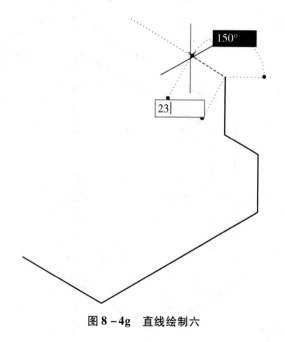

图 8 – 4g 直线绘制六

（9）向左下方移动光标选择 150°极轴方向，在当前命令行输入 72 ↙，如图 8 – 4h 所示。

（10）重复上述步骤，光标依次选择 270°极轴，当前命令行输入 40 ↙；30°极轴，当前命令行输入 10 ↙；90°极轴，当前命令行输入 40 ↙；30°极轴，当前命令行输入 64 ↙；30°极轴，当前命令行输入 13 ↙；30°极轴，当前命令行输入 8 ↙；完成如图 8 – 4i 所示图形绘制。

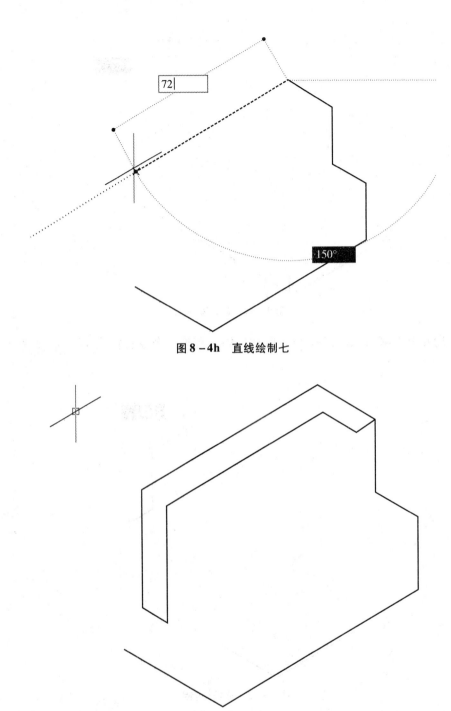

图 8 – 4h   直线绘制七

图 8 – 4i   直线绘制八

（11）重复上述步骤，鼠标左键单击左下角的点，为直线起始点，光标依次选择 90°极轴，当前命令行输入 10 ↙；30°极轴，当前命令行输入 40 ↙；30°极轴，当前命令行输入 40 ↙；150°极轴，当前命令行输入 30 ↙；150°极轴，当前命令行输入 32 ↙；完成如图 8 – 4j所示图形绘制。

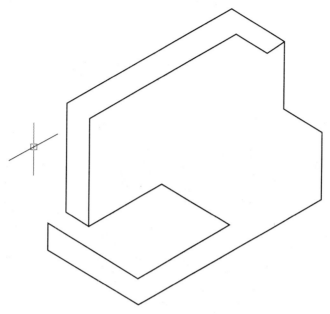

图 8 - 4j　直线绘制九

（12）单击鼠标左键依次连接如图 8 - 4k 所示的直线。

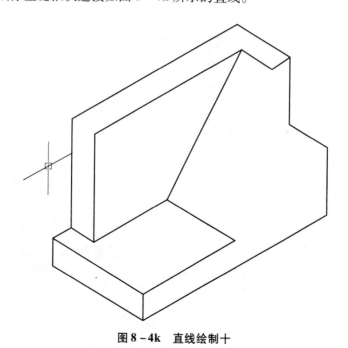

图 8 - 4k　直线绘制十

（13）单击【修改】工具栏的【复制】按钮 🐾，单击斜线为复制对象，选择上端点为基点，移动到如图 8 - 4l 所示的位置。

★ 在轴测图绘制中，绘制平行的线型时只能使用【复制】命令来绘制平行线，不能使用【偏移】命令。

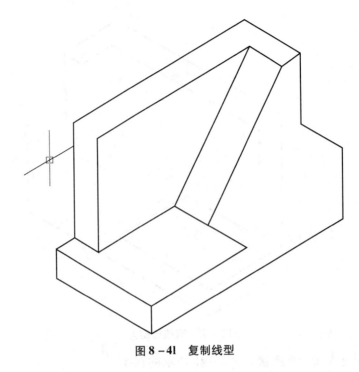

图 8-4l 复制线型

（14）单击【绘图】工具栏中的【直线】按钮 ，选择起点，左下移动光标，捕捉与斜线的交点，如图 8-4m 所示，单击鼠标左键完成直线绘制。

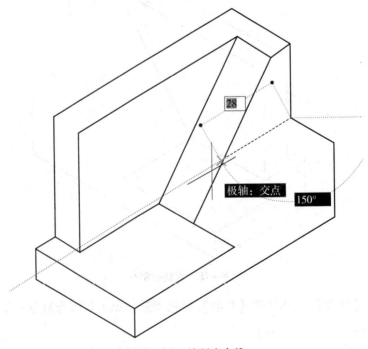

图 8-4m 绘制交点线

（15）重复上述步骤，完成如图 8-4n 所示图形的绘制。

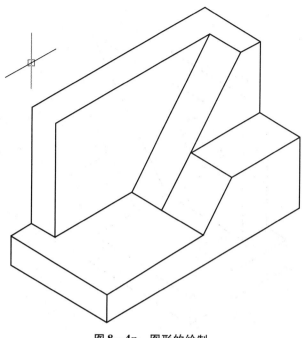

图 8 - 4n 图形的绘制

（16）将【中心线层】置为当前层，完成圆的中心线绘制，如图 8 - 4o 所示。

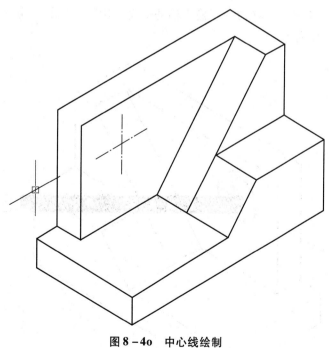

图 8 - 4o 中心线绘制

（17）绘制圆。按"F5"键光标选择为右面，单击【绘图】工具栏中的【椭圆】按钮
，在命令行输入 I ↙，指定两条中心线的交点为圆心，在命令行输入等轴测圆的半径 8
↙，完成圆的绘制，如图 8 - 4p 所示。

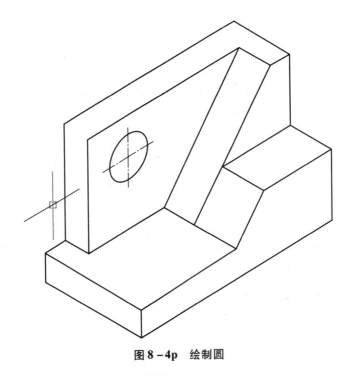

图 8 - 4p 绘制圆

（18）单击【修改】工具栏的【复制】按钮 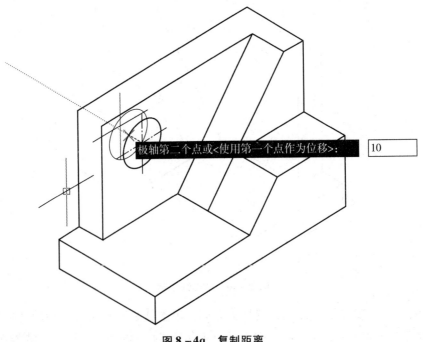，单击圆为复制对象，选择圆心为基点，在 150°极轴方向上复制，在命令行输入移动距离"10"，如图 8 - 4q 所示，完成另一个圆的绘制，如图 8 - 4r 所示。

极轴第二个点或<使用第一个点作为位移>： 10

图 8 - 4q 复制距离

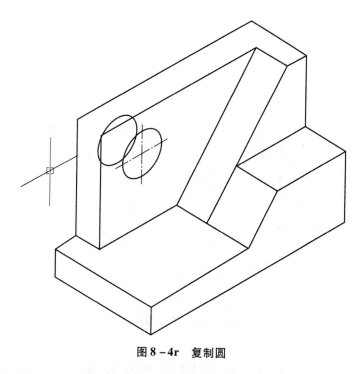

图 8 - 4r　复制圆

（19）圆弧的绘制和圆的方法一样，先画圆，再修剪多余线，最终完成 R15 的倒圆角，如图 8 - 4s 所示。

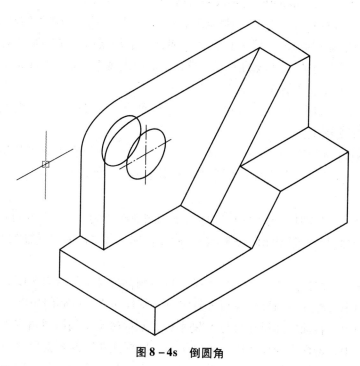

图 8 - 4s　倒圆角

（20）单击【修改】工具栏的【修剪】按钮 ，修剪图形，如图 8 - 4t 所示，完成图 8 - 3 线型的绘制。

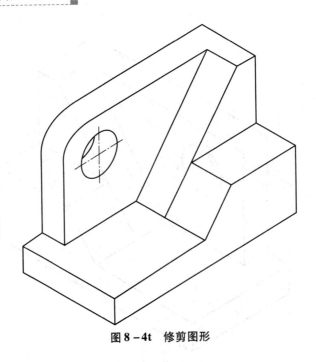

图 8 – 4t　修剪图形

8.4　正等轴测图的标注

在机械制图中，关于轴测图的尺寸也需要满足如下列举的规范：

★ 轴测图上的线性尺寸一般应沿轴测轴方向标注，尺寸数字为机件的基本尺寸；

★ 尺寸线必须和所标注的线段平行，尺寸界线一般应平行于某一轴测轴，尺寸数字应该按相应的轴测图形标注在尺寸线的上方。当在图形中出现数字字头向下时，应该用引出线引出标注，并将数字按水平位置注写；

★ 标注角度的尺寸时，尺寸应画成与该坐标平面相应的椭圆弧，角度数字一般写在尺寸线的中断处，字头朝上；

★ 标注圆的直径时，尺寸线和尺寸界线应分别平行于圆所在平面内的轴测轴。标注圆弧半径或较小圆的直径时，尺寸线可以通过圆心引出标注，但注写尺寸数字的横线必须平行于轴测轴。

在轴测图中标注尺寸时，为了使尺寸标注于轴测面相协调，需要将尺寸线、尺寸界线倾斜一定的角度，使其与相对应的轴测轴平行。同样，标注文字也需要与轴测面相匹配，其特点是：

★ 在右侧面中，若标注的尺寸线与 X 轴平行，则标注文字的倾斜角度为 30°；

★ 在左侧面中，若标注的尺寸线与 Z 轴平行，则标注文字的倾斜角度为 30°；

★ 在上侧面中，若标注的尺寸线与 Y 轴平行，则标注文字的倾斜角度为 30°；

★ 在右侧面中，若标注的尺寸线与 Z 轴平行，则标注文字的倾斜角度为 – 30°；

★ 在左侧面中，若标注的尺寸线与 Y 轴平行，则标注文字的倾斜角度为 – 30°；

★ 在上侧面中，若标注的尺寸线与 X 轴平行，则标注文字的倾斜角度为 – 30°；

标注图 8 – 3 的尺寸。

1）设置文字样式

（1）单击【样式】工具栏，如图 8 - 5a 所示的【文字样式】按钮 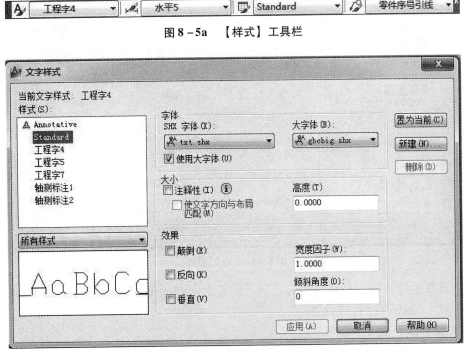，弹出【文字样式】对话框，如图 8 - 5b 所示。

图 8 - 5a 【样式】工具栏

图 8 - 5b 【文字样式】对话框

（2）在【文字样式】对话框中单击新建按钮，打开【新建文字样式】对话框，在【样式名】中输入"轴测标注 1"，单击【确定】按钮，如图 8 - 5c 所示。

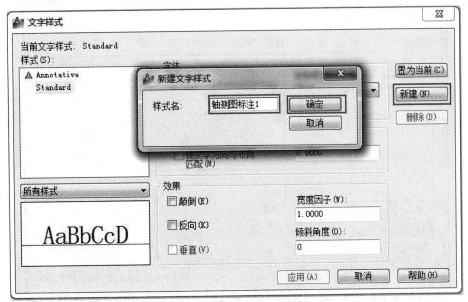

图 8 - 5c 【新建文字样式】对话框

（3）在【文字样式】对话框中设置参数：在【倾斜角度（O）】中输入"－30"，如图8－5d所示，单击【应用】按钮。

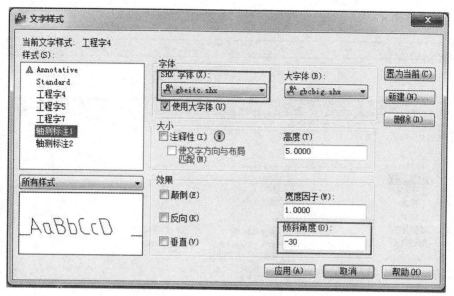

图 8－5d　设置参数

（4）重复步骤（2）、步骤（3），定义一个名为"轴测标注 2"的文字样式，倾斜角度设置为"30"。完成文字样式设置。

2）设置标注样式

（1）单击【样式】工具栏的【标注样式】按钮 ，弹出【标注样式管理器】对话框，如图 8－6a 所示。

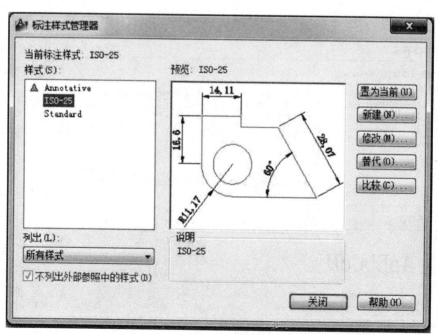

图 8－6a　【标注样式管理器】对话框

（2）单击【新建】按钮，弹出【创建新标注样式】对话框，在【新样式名】中输入"轴测标注1"，单击【继续】按钮，如图 8 – 6b 所示。

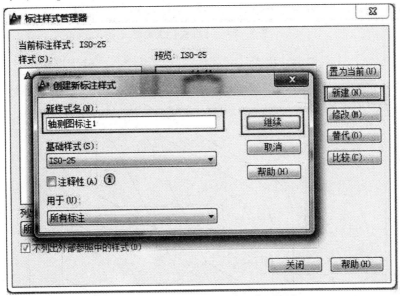

图 8 – 6b　【创建新标注样式】对话框

（3）进入【新建标注样式】对话框的【文字】选项卡，在【文字外观】选项组中指定【文字样式（Y）】为"轴测标注1"，单击【确定】按钮，如图 8 – 6c 所示。

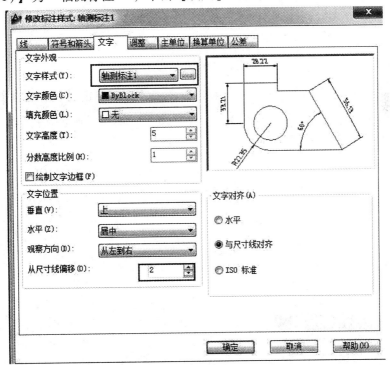

图 8 – 6c　指定文字样式

（4）重复上述步骤，定义一个名为"轴测标注2"的标注样式，文字样式设置为"轴测标注2"。完成标注样式设置。

3）标注轴测图尺寸

（1）在【样式】工具栏中指定【当前标注样式】为"轴测标注2"，如图8-7a所示。

图8-7a 【样式】工具栏

（2）在【标注】工具栏中，单击【对齐标注】按钮 ，分别选择两点来定义尺寸界线的原点，并指定尺寸线的位置，如图8-7b所示。

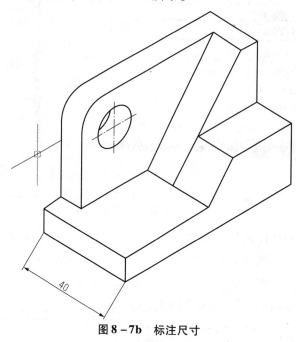

图8-7b 标注尺寸

（3）选择刚才创建的对齐尺寸，在【标注】工具栏中，单击【编辑标注】按钮 ，在弹出的快捷菜单中选择倾斜标注编辑类型，如图8-7c所示，输入倾斜角度为30↙，完成该尺寸放置操作，如图8-7d所示。

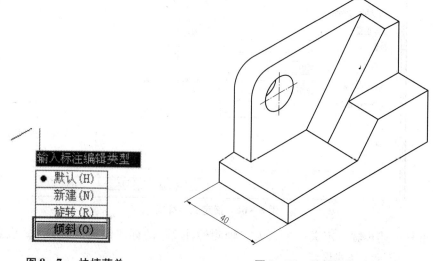

图8-7c 快捷菜单

图8-7d 编辑标注

（4）在样式工具栏中指定当前标注样式为"轴测标注1"，如图8-7e所示。

图8-7e 选择标注样式

（5）在【标注】工具栏中，单击【对齐标注】按钮 ，分别选择两点来定义尺寸界线的原点，并指定尺寸线的位置，如图8-7f所示。

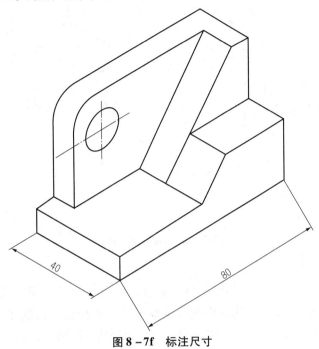

图8-7f 标注尺寸

（6）重复步骤（3），完成对标注尺寸的修改，如图8-7g所示。

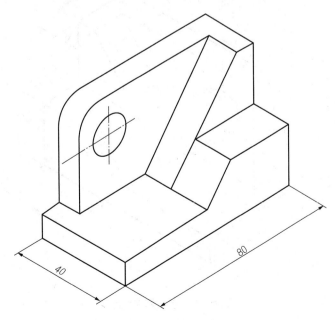

图8-7g 修改尺寸

（7）参照上述方法，标注轴测图尺寸，如图 8 – 7h 所示。

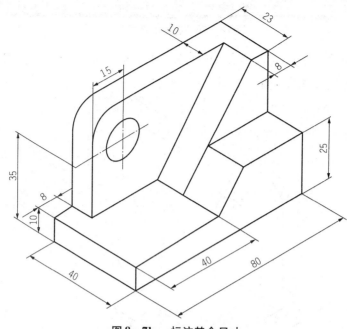

图 8 – 7h 标注其余尺寸

（8）标注圆的直径。

在轴测图中圆的标注只能用引线标注。选择引线标注样式，单击菜单栏中【标注】／【多重引线】命令，创建标注引线，修改并编辑标注完成标注线的创建，如图 8 – 7i 所示。再单击绘图工具栏的多行文字命令创建标注尺寸，如图 8 – 7j 所示，完成圆的标注。

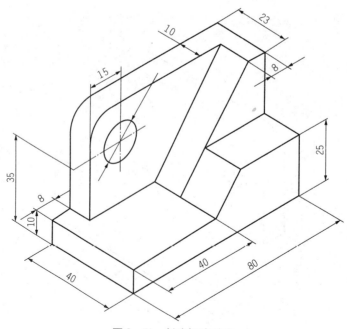

图 8 – 7i 创建标注引线

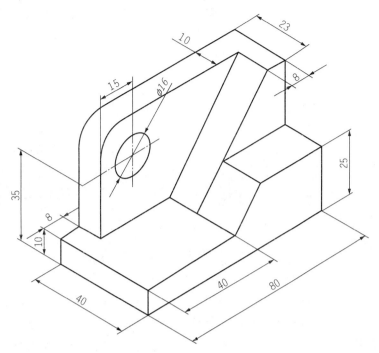

图8-7j　完成圆的标注

（9）参照步骤（8）完成半径标注。即完成轴测图的标注，如图8-7k所示。

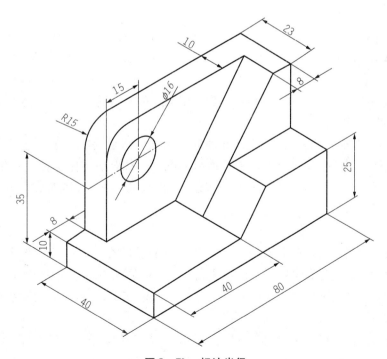

图8-7k　标注半径

第九章　文件输出与打印

完成了设计绘图后，接下来需要进行打印输出。AutoCAD 有两种不同的工作环境，称为模型空间和图纸空间，可以用"模型"和"布局"选项卡来切换。这些选项卡位于绘图区域底部附近的位置。AutoCAD 绘制的图形可以在模型空间中进行打印，也可以使用图纸空间——也就是布局的方法进行打印。

9.1　模型空间及图纸空间

在 AutoCAD 中有两个工作空间，分别是模型空间和图纸空间。通常在模型空间 1:1 进行设计绘图。为了与其他设计人员交流、进行产品生产加工，或者工程施工，则需要输出图纸，这就需要在图纸空间进行排版，即规划视图的位置与大小，将不同比例的视图安排在一张图纸上并对它们标注尺寸，给图纸加上图框、标题栏、文字注释等内容，然后打印输出。可以这么说，模型空间是设计空间，而图纸空间是表现空间。

1）模型空间

模型空间中的"模型"是指在 AutoCAD 中用绘制与编辑命令生成的代表现实世界物体的对象，而模型空间是建立模型时所处的 AutoCAD 环境，可以按照物体的实际尺寸绘制、编辑二维或三维图形，也可以进行三维实体造型，还可以全方位地显示图形对象，它是一个三维环境。当启动 AutoCAD 后，默认处于模型空间。

2）图纸空间

图纸空间的"图纸"与真实的图纸相对应，图纸空间是设置、管理视图的 AutoCAD 环境。在图纸空间可以按模型对象不同方位地显示视图，按合适的比例在"图纸"上表示出来，还可以定义图纸的大小、生成图框和标题栏。模型空间中的三维对象在图纸空间中是用二维平面上的投影来表示的，因此它是一个二维环境。

3）布局

所谓布局，相当于图纸空间环境。一个布局就是一张图纸，并提供预置的打印页面设置。在布局中，可以创建和定位视口，并生成图框、标题栏等。利用布局可以在图纸空间方便快捷地创建多个视口来显示不同的视图；而且每个视图都可以有不同的显示缩放比例、冻结指定的图层。

在一个图形文件中模型空间只有一个，而布局可以设置多个。这样就可以用多张图纸多侧面地反映同一个实体或图形对象。例如，将在模型空间绘制的装配图拆成多张零件图；或将某一工程的总图拆成多张不同专业的图纸。

4）模型空间与图纸空间的切换

在实际工作中，常需要在图纸空间与模型空间之间作相互切换。切换方法很简单，单击绘图区域下方的布局及模型选项卡即可。

9.2　创建新布局

在 AutoCAD 中想要通过布局输出图形，首先要创建布局，然后在布局中打印出图。

输入命令的方式：

- 单击菜单栏中的【工具】/【向导】/【创建布局】命令。
- 单击菜单栏中的【插入】/【布局】/【创建布局向导】命令。
- 命令行输入：layoutwizard ↙。

打开【创建布局－开始】对话框，如图 9－1 所示。

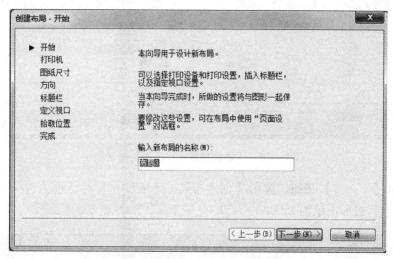

图 9－1　【创建布局－开始】对话框

创建布局的步骤如下：

（1）执行创建布局命令。在【创建布局—开始】对话框中，输入新布局的名称"零件图"。如图 9－2a 所示。

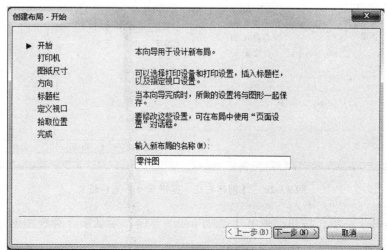

图 9－2a　【创建布局－开始】对话框

（2）单击【下一步】按钮。弹出【创建布局—打印机】对话框，为新布局选择一种已配置好的打印设备。如果没有打印机的话，可选择虚拟打印机"DWF6 eplot. pc3"。如图9－2b所示。

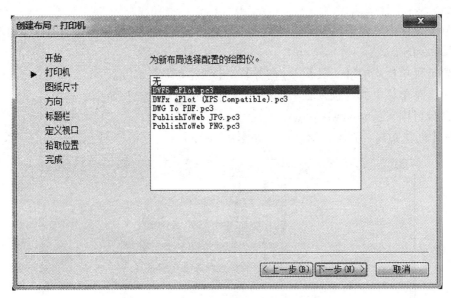

图9－2b　【创建布局－打印机】对话框

（3）单击【下一步】按钮，弹出【创建布局—图纸尺寸】对话框，选择图形所用单位为"毫米"，选择打印图纸为 ISO A3（420.00 毫米 ×297.00 毫米）。如图9－2c 所示。

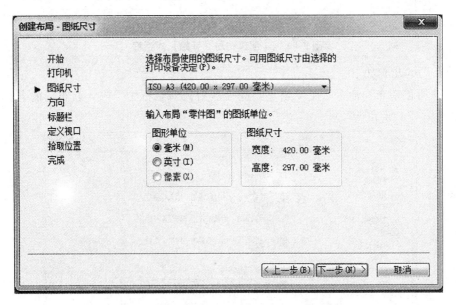

图9－2c　【创建布局－图纸尺寸】对话框

（4）单击【下一步】按钮，弹出【创建布局—方向】对话框，确定图形在图纸上的方向为横向。

（5）单击【下一步】按钮，弹出【创建布局—标题栏】对话框，选择标题栏样式。

（6）单击【下一步】按钮。弹出【创建布局—定义视口】对话框，定义新布局中视口的个数和形式，以及视口中的视图与模型空间的比例关系。如图 9 – 2d 所示。

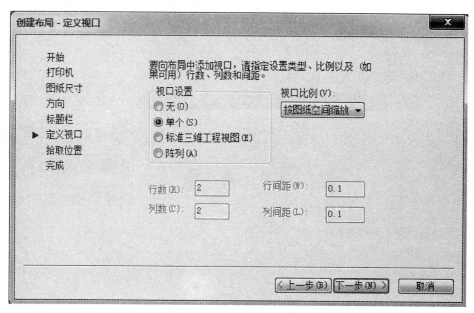

图 9 – 2d　【创建布局 – 定义视口】对话框

（7）单击【下一步】按钮。屏幕上出现【创建布局—拾取位置】对话框，单击【选择位置】按钮，AutoCAD 切换到绘图窗口，通过指定两个对角点指定视口的大小和位置。

（8）单击【下一步】按钮。屏幕上出现【创建布局—完成】对话框，单击【完成】按钮，完成新布局的创建。

9.3　页面设置及管理

页面设置是指设置打印图形时所用的图纸规格、打印设备等。

输入命令的方式：

- 单击菜单栏中的【文件】/【页面设置管理器】命令。
- 命令行输入：pagesetup ↙。

打开【页面设置管理器】对话框，如图 9 – 3 所示。

AutoCAD 在对话框中的大列表框内显示出当前图形已有的页面设置，并在【选定页面设置的详细信息】框中显示出所指定页面设置的相关信息。对话框右侧有【置为当前】、【新建】、【修改】和【输入】4 个按钮，分别用于将在列表框中选中的页面设置设为当前设置、新建页面设置、修改在列表框中选中的页面设置以及从已有图形中导入页面设置。

下面介绍如何新建页面设置。在【页面设置管理器】对话框中单击【新建】按钮，AutoCAD 弹出【新建页面设置】对话框，如图 9 – 4 所示。

在该对话框中选择基础样式，并输入新页面设置的名称后，单击【确定】按钮，AutoCAD 弹出【页面设置】对话框，如图 9 – 5 所示。

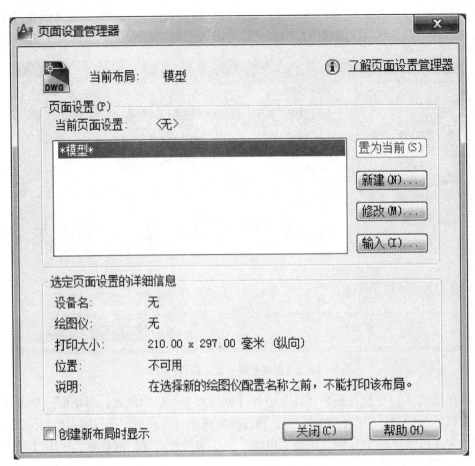

图 9-3　【页面设置管理器】对话框

图 9-4　【新建页面设置】对话框

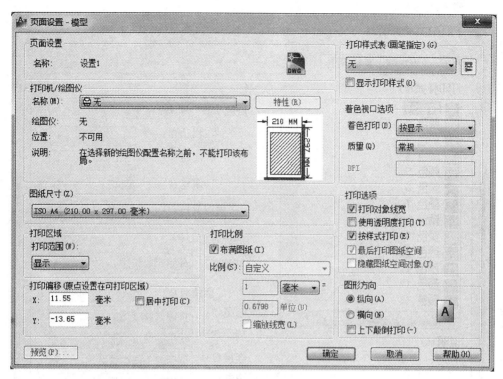

图 9 – 5　【页面设置 – 模型】对话框

下面介绍对话框中主要项目的功能。

【页面设置】框：

AutoCAD 要在此框中显示出当前所设置的页面设置的名称。

【打印机/绘图仪】选项组：

设置打印机或绘图仪。可以通过名称下拉列表框选择打印设备。确定了打印设备后，AutoCAD 会显示出与该设备对应的信息。

【图纸尺寸】选项：

通过下拉列表框确定输出图纸的大小。

【打印区域】选项：

确定图形的打印范围。

【打印偏移】选项组：

确定打印区域相对于图纸左下角点的偏移量。

【打印比例】选项组：

设置图形的打印比例。

【打印样式表】选项组：

对于选择、新建和修改打印样式表，如果选择了【新建】项，则允许用户新建打印样式表。如果通过下拉列表选择某一打印样式后单击 按钮，会弹出【打印样式表编辑器】对话框，通过其可以编辑打印样式表。如图 9 – 6 所示。

图 9 – 6 【打印样式表编辑器】对话框

【着色视口选项】选项组：

该选项组用于控制输出打印三维图形时的打印模式。

【打印选项】选项组：

确定是按图像的线宽打印图形，还是根据打印样式打印图形。如果用于在绘图时直接对不同的线型设置线宽，一般应选择【打印对象线宽】；如果是用不同的颜色表示不同线宽的对象，则应该选择【按样式打印】。

【图形方向】选项组：

确定图形的打印方向，从中选择即可。

完成上述设置后，可以单击【预览】按钮预览打印效果。

9.4　打印输出

打印输出可以有两种方式。一种是用模型空间中打印输出，另一种是在图纸空间中打印输出。

模型空间打印输入命令的方式：

- 单击菜单栏中的【文件】／【打印】命令。
- 单击【标准】工具栏中的【打印】按钮 🖨 。
- 命令行输入：plot ↙ 。

打开【打印－模型】对话框，如图9－7所示。

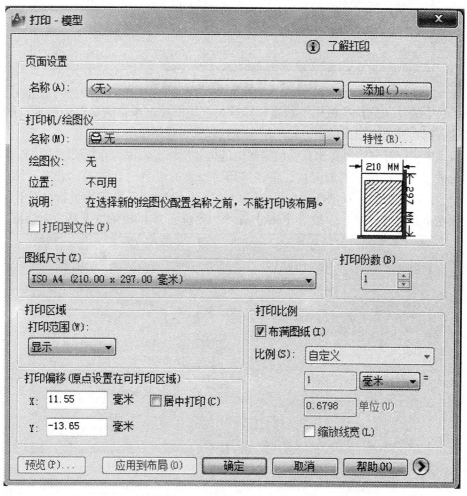

图9－7　【打印－模型】对话框

通过【页面设置】选项组中的【名称】下拉列表框指定页面设置后，对话框中显示出与其对应的打印设置。用户也可以通过对话框中的各项单独进行设置。如果单击位于右下角的按钮 ⊙ ，可以展开【打印－模型】对话框，如图9－8所示。

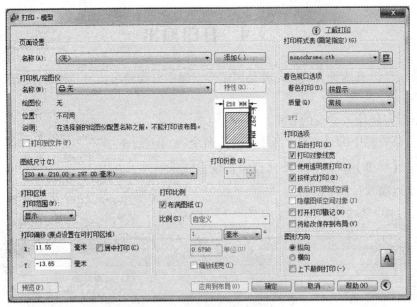

图 9-8　【打印-模型】对话框

对话框中的【预览】按钮用于预览打印效果。如果通过预览满足打印要求，单击【确定】按钮，即可使对应的图形通过打印机或绘图仪输出到图纸。

在布局中进行打印输出要比在模型空间中进行方便许多，因为布局实际上可以看做是一个打印的排版，在创建布局的时候，很多打印时需要的设置（比如打印设备、图纸尺寸、打印方向、出图比列等）都已经预先设定了，在打印的时候就不需要再进行设置了。

比如在布局"零件图"中激活【plot】命令，系统会弹出如图 9-9 所示对话框。

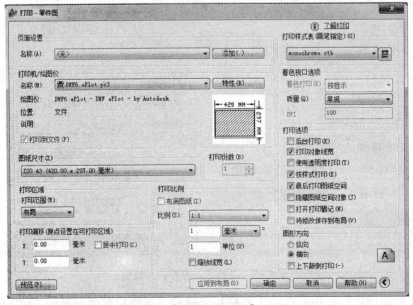

图 9-9　【打印-零件图】对话框

设置打印样式为 monochrome.ctb，然后单击【应用到布局】按钮，所作的打印设置修改就会保存在布局设置中。再单击【确定】按钮即可打印输出。

第十章　三维实体建模

本章主要介绍 AutoCAD 的三维实体建模功能。主要内容有用户坐标系的建立，面域的创建，基本几何实体的创建，拉伸、回转、扫掠、放样建模的操作方法和步骤，布尔运算以及三维实体特征的编辑修改。

10.1　三维建模基础知识

三维建模功能是 CAD/CAM 软件的必备功能，在众多的 CAD/CAM 软件里，AutoCAD 的平面二维制图功能是首屈一指的。而在三维建模方面，AutoCAD 虽然也有这个功能，但显得比其他参数化三维软件如 UG、Pro – E 等欠缺些。随着 AutoCAD 的版本不断升级，其三维建模功能越来越完善，特别是在 Autodesk 公司收购 MAYA 子公司后，将 3dmax 的技术与 Auto-CAD 相结合，在最近的 2007、2008 及之后的版本里，三维功能已经新增了很多，强大了不少，像 "扫掠" "放样" "螺旋" "多段体" 等，同时，在渲染上也有了很大的进步，越来越接近 3dmax 的渲染方式。AutoCAD 2012 具备了强大的三维建模功能。

三维模型能够真实地创建出物体的实际形状，方便用户在加工、制造他们之前仔细地研究其特性，发现并改进设计中的不足和纰漏，最大限度地减少设计失误所带来的损失。

AutoCAD 的三维模型有三类：三维线框模、三维曲面模型和三维实体模型。线框模型由三维曲线创建的轮廓，没有面和体的特征；曲面模型是由曲面组成的没有厚度的表面模型，具有面的特征；实体模型不仅具有面、体特征，还具有质量特性，可以进行布尔运算，从而可以创建出形状复杂的三维模型。本书将介绍 AutoCAD 的三维实体建模功能。

10.2　三维建模环境设置

10.2.1　设置三维绘图环境

本书第一章介绍过，AutoCAD 有 4 个工作空间，分别是 AutoCAD 经典、二维草图与注释、三维基础和三维建模。一般进行三维建模，应选择 "三维基础" 或 "三维建模" 工作空间。这两个工作空间只是界面风格及工具栏数量有所区别，其功能并没有本质区别。一般进行三维建模都选择功能较为全面的 "三维建模" 工作空间。

输入命令的方式：

• 单击【工作空间】工具栏中的下拉列表，选择其中的【三维基础】或【三维建模】，如图 10 – 1 所示。

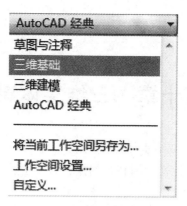

图 10 – 1 【工作空间】工具栏

• 单击菜单栏中的【工具】／【工作空间】／【三维基础】或【三维建模】命令，如图 10 – 2 所示。

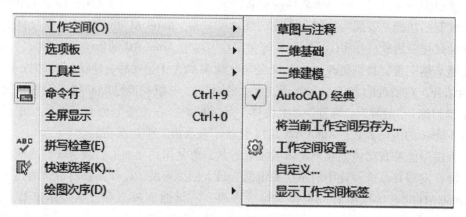

图 10 – 2 【工具】菜单

进入"三维基础"或"三维建模"工作空间后，软件界面有所改变，主要是打开了三维建模中常用的一些命令，集中在工具栏中，方便用户调用。如图 10 – 3 所示。

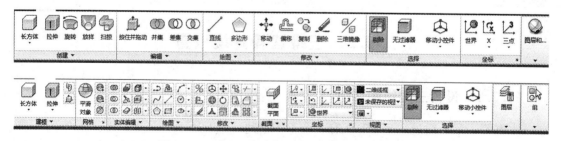

图 10 – 3 【三维基础】和【三维建模】工具栏

10.2.2 三维实体的显示

AutoCAD 的默认显示视图为俯视图，在进行三维建模时需要不断改变三维模型的显示方位和显示效果，这样才能从空间不同位置观察模型，方便用户进行设计。

1）改变三维模型的显示方位

如图 10-4 所示，在空间当中已创建一个长方体，此时因显示的是俯视图，所以用户观察到的是一个矩形。需要改变其显示方位才能观察到立体的效果。改变模型的显示方位，其输入命令的方式如下：

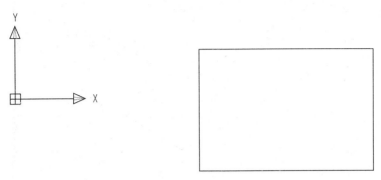

图 10-4　俯视图

● 单击菜单中的【视图】功能，再在工具栏中选择相应的图标按钮，如图 10-5 所示。

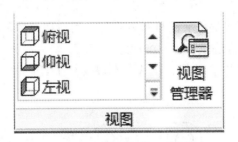

图 10-5　【视图】工具栏

图 10-6、图 10-7 分别是【西南等轴侧】和【西北等轴侧】的显示结果。其他的显示方式用户可自行尝试。

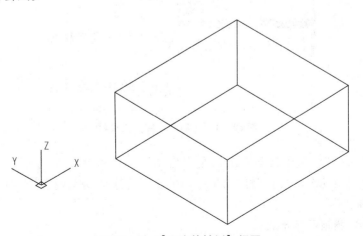

图 10-6　【西南等轴侧】视图

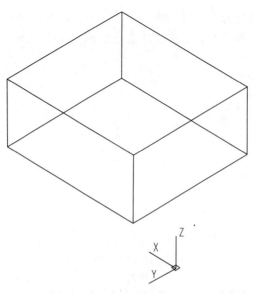

图 10 - 7　【西北等轴侧】视图

除了使用 AutoCAD 提供的已有的显示方式外，用户还可以根据自己的需要对三维实体从任意角度进行观察，其方法是使用三维动态观察器。其方法如下：

● 单击菜单中的【视图】功能，在【动态观察】工具栏中选择相应的图标按钮，如图 10 - 8 所示。

图 10 - 8　【动态观察】工具栏

选中相应的方式后，在绘图区按住左键拖动鼠标便可从任意角度观察三维模型。图 10 - 9 是使用【自由动态观察】时的结果。如果使用【连续动态观察】，则三维模型会产生连续旋转的效果。

2）改变三维模型的显示效果

AutoCAD 三维模型的显示效果分为【二维线框】、【概念】、【隐藏】、【真实】、【着色】、【带边框着色】、【灰度】、【勾划】、【线框】及【X 射线】等。改变显示效果的命令启动方式如下：

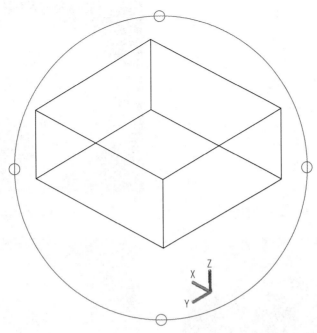

图 10 – 9 自由动态观察结果

● 单击菜单中的【视图】功能，在【视觉样式】工具栏中选择相应的图标按钮，如图 10 – 10 所示。

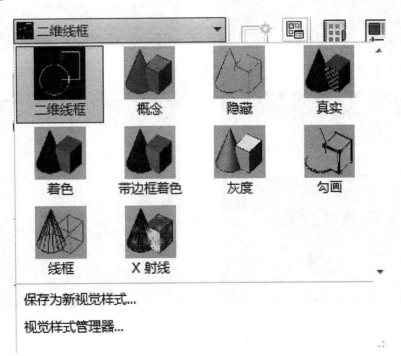

图 10 – 10 【视觉样式】工具栏

长方体中间打一个孔的三维模型，其不同显示效果见图 10 – 11 ~ 图 10 – 16。用户可根据需要选择相应的显示效果。

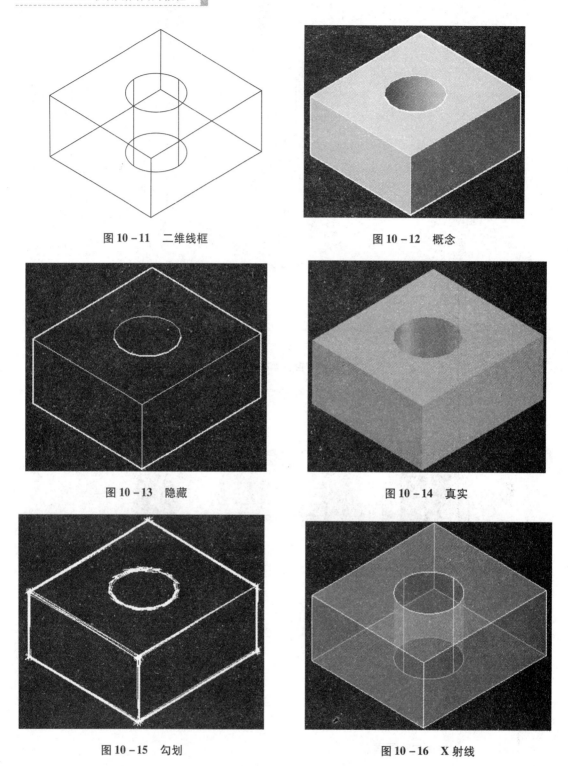

图 10 – 11　二维线框

图 10 – 12　概念

图 10 – 13　隐藏

图 10 – 14　真实

图 10 – 15　勾划

图 10 – 16　X 射线

10. 2. 3　三维建模坐标系设置

AutoCAD 提供的三维建模空间是一个无限大的三维空间，用户在使用该空间进行三维建模时必然要有相应的参考点和参考方向。AutoCAD 提供了笛卡尔坐标系作为绘制二维和三维图形的参考。AutoCAD 系统初始设置的坐标系称为世界坐标系（WCS）。但是在使用过程中仅有世界坐标系是不够的，用户往往需要对坐标系原点、坐标轴的方向等做出调整，以方便绘图。用户根据自己的需要建立的坐标系，称为用户坐标系（UCS）。用户坐标系各坐标轴之间的关系也要符合笛卡尔坐标系的要求，即右手法则。

AutoCAD 中坐标系的二维和三维显示效果如图 10 – 17 所示。

图 10 – 17 坐标系图标

创建用户坐标系，关键是确定新的原点及 X 轴、Y 轴和 Z 轴的方向。在建模过程中用户坐标系可以有若干个。

输入命令的方式如下：

● 单击【UCS】工具栏中的按钮来创建用户坐标系，该工具栏中不同按钮对应不同的创建方法。如图 10 – 18 所示。

● 命令行输入：ucs ✓。

图 10 – 18 UCS 工具栏

AutoCAD 提供了多种方法创建用户坐标系，常用的有原点、Z 轴矢量、三点以及绕当前的 X 轴、Y 轴或 Z 轴旋转等。下面将介绍其中常用的两种。

方法一：原点，即以指定点作为新的原点创建用户坐标系。

该方法创建的坐标系其坐标轴方向与世界坐标系（WCS）一致，仅原点不同。

输入命令的方式如下：

● 单击【UCS】工具栏中的原点按钮 ┗ 。

● 命令行输入：ucs ✓。

命令行提示：

命令：ucs

当前 UCS 名称：＊世界＊

指定 UCS 的原点或［面（F）/命名（NA）/对象（OB）/上一个（P）/视图（V）/

世界（W）/X/Y/Z/Z 轴（ZA）］<世界>：

用鼠标在空间指定一点作为用户坐标系的原点，或者输入新原点的坐标也可以。图 10-19a和图10-19b 表示以长方体底面的顶点作为用户坐标系的原点。

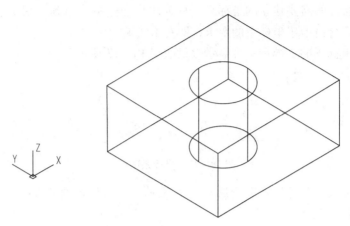

图 10-19a 创建之前

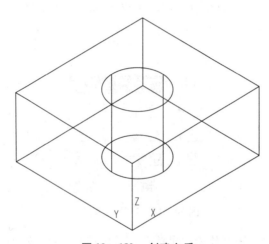

图 10-19b 创建之后

方法二：Z 轴矢量，通过指定 Z 轴来创建用户坐标系。

输入命令的方式：

● 单击【UCS】工具栏中的 Z 轴矢量按钮 。

● 命令行输入：ucs ↙，在选项中选择【Z 轴】选项，即输入 za ↙。

命令行提示：

命令：ucs

当前 UCS 名称：＊没有名称＊

指定 UCS 的原点或 ［面（F）/命名（NA）/对象（OB）/上一个（P）/视图（V）/世界（W）/X/Y/Z/Z 轴（ZA）］＜世界＞：za

指定新原点或 ［对象（O）］＜0，0，0＞：

执行该命令的步骤如下：

（1）执行命令。

（2）指定 UCS 的原点或［面（F）/命名（NA）/对象（OB）/上一个（P）/视图（V）/世界（W）/X/Y/Z/Z 轴（ZA）]＜世界＞：za↙。

（3）指定新原点或［对象（O）]＜0，0，0＞：选择长方体的一个顶点作为新的原点，如图 10 - 20a 所示。

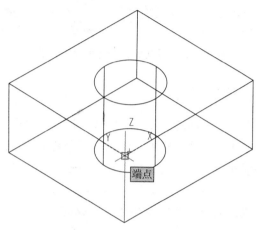

图 10 - 20a　指定新原点

（4）在正 Z 轴范围上指定点 ＜0.000 0，0.000 0，1.000 0＞：指定长方体的另一个顶点作为 Z 轴上的一个点，如图 10 - 20b 所示。结果如图 10 - 20c 所示。

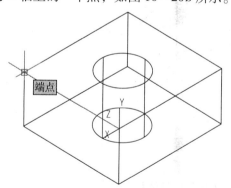

图 10 - 20b　指定 Z 轴上的点

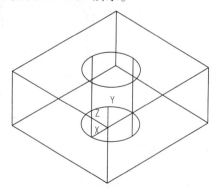

图 10 - 20c　新坐标系

还可以使用其他多种方法创建用户坐标系，这里不再赘述，请用户自己尝试。

掌握了以上常用的创建用户坐标系的方法后，在三维造型过程中要对其灵活应用，根据造型的需要，选择最简单最方便的方法创建所需的用户坐标系。

10.3　创建和编辑三维实体

创建和编辑三维实体是进行三维建模的关键操作，单击菜单中的【常用】和【实体】

功能，所显示的工具栏上集中了大部分的三维建模命令，如图 10 - 21 和图 10 - 22 所示。

图 10 - 21　【常用】功能下的工具栏

图 10 - 22　【实体】功能下的工具栏

10. 3. 1　基本几何实体的创建

创建三维实体的方法很多，常用的有拉伸、旋转、扫掠、放样等。但是对于长方体、圆柱体、多段体、圆锥体、球体、楔体、棱锥面体和圆环等基本的几何形体，AutoCAD 提供了直接创建的方法。下面分别介绍。

1）多段体的绘制

多段体是指的由多段线根据指定的高度和宽度生成的实体。如图 10 - 23 所示，该多段体高度为 50，宽度为 10。

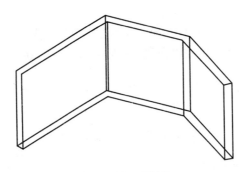

图 10 - 23　多段体

输入命令的方式：

- 单击菜单中的【实体】功能，在工具栏中单击多段体按钮 。

　　　　　　　　　　　　　　　　　　　　　　　　　　　多段体

- 命令行输入：polysolid ↙。

命令行提示：

命令：POLYSOLID

高度 = 100.0000，宽度 = 10.0000，对正 = 居中

指定起点或［对象（O）/高度（H）/宽度（W）/对正（J）］＜对象＞

现需绘制高度为 80，宽度为 20 的多段体，多段线任意绘制，操作步骤如下：

（1）执行绘制多段体命令。

（2）指定起点或［对象（O）/高度（H）/宽度（W）/对正（J）］＜对象＞：h✍
选择高度选项。

（3）指定高度＜50.0000＞：80✍ 指定新的高度值"80"。

高度 = 80.0000，宽度 = 10.0000，对正 = 居中

（4）指定起点或［对象（O）/高度（H）/宽度（W）/对正（J）］＜对象＞：w✍
选择宽度选项。

（5）指定宽度＜10.0000＞：20✍ 指定新的宽度值"20"。

高度 = 80.0000，宽度 = 20.0000，对正 = 居中

（6）指定起点或［对象（O）/高度（H）/宽度（W）/对正（J）］＜对象＞：用鼠标
选择一点作为起点。

（7）指定下一个点或［圆弧（A）/放弃（U）］：选择第二点，如图10-24a所示。

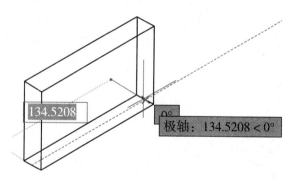

图10-24a 选择第二点

（8）指定下一个点或［圆弧（A）/放弃（U）］：a✍ 指定圆弧选项。

（9）指定圆弧的端点或［闭合（C）/方向（D）/直线（L）/第二个点（S）/放弃
（U）］：用鼠标指定圆弧的端点，如图10-24b所示。

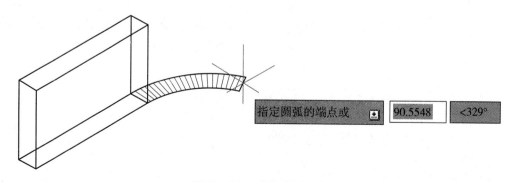

图10-24b 选取圆弧端点

（10） 指定圆弧的端点或 [闭合（C）/方向（D）/直线（L）/第二个点（S）/放弃（U）]：L↙ 指定直线选项。

（11） 指定下一个点或 [圆弧（A）/闭合（C）/放弃（U）]：用鼠标指定下一个点，如图 10 – 24c 所示。

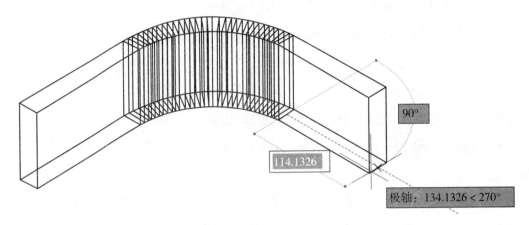

图 10 – 24c 指定下一个点

（12） 指定下一个点或 [圆弧（A）/闭合（C）/放弃（U）]：↙ 结束命令，结果如图 10 – 24d 所示。

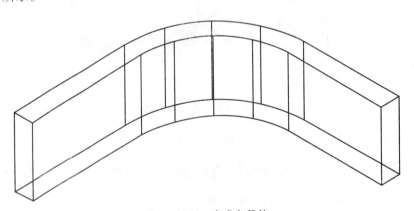

图 10 – 24d 生成多段体

★ 多段体绘制过程中，除了设置高度和宽度外，主要任务是绘制所需的多段线。如果多段线事先已绘制好，在启动多段体命令后直接选择该多段线即可。

2）长方体的绘制

长方体是一种重要的几何形体，在三维建模中很常见。

输入命令的方式：

● 单击工具栏中的长方体按钮 长方体。

● 命令行输入：box ↙。

命令行提示：

指定第一个角点或［中心（C）］：

指定其他角点或［立方体（C）/长度（L）］：

指定高度或［两点（2P）］<100.0000>：

绘制一个 X、Y、Z 三个方向尺寸分别为 200、100、50 的长方体的步骤如下：

（1）执行长方体命令。

（2）指定第一个角点或［中心（C）］：用鼠标在绘图区任选一点作为第一个角点。

（3）指定其他角点或［立方体（C）/长度（L）］：@200，100 ↙ 采用相对坐标指定第二个角点的坐标，如图 10-25a。

图 10-25a　指定其他角点

（4）指定高度或［两点（2P）］<100.0000>：50 ↙ 指定高度值"50"，在回车之前应移动鼠标以确定长方体的高度方向，结果如图 10-25b 所示。

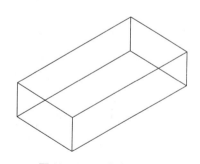

图 10-25b　生成长方体

上述方法是绘制长方体最常用的办法。除此以外，如果要以指定点为长方体的中心，则可以在执行长方体命令后，命令行出现以下提示：

指定第一个角点或［中心（C）］：c ↙ 。（输入 c，选择"中心"选项）

系统会要求选定长方体的中心点，再给出其他参数绘制长方体。用户可自行操作。

3）绘制圆锥体

绘制圆锥体，输入命令的方式：

● 单击工具栏中的圆锥体按钮 圆锥体 。

● 命令行输入：cone ↙ 。

命令行提示：

指定底面的中心点或［三点（3P）/两点（2P）/相切、相切、半径（T）/椭圆（E）］：

指定底面半径或［直径（D）］<40.126 9>：

指定高度或［两点（2P）/轴端点（A）/顶面半径（T）］<96.991 4>：

绘制底面半径为30，高度为100的圆锥体的步骤如下：

（1）执行绘制圆锥体的命令。

（2）指定底面的中心点或［三点（3P）/两点（2P）/相切、相切、半径（T）/椭圆

（E）］：用鼠标选定一点作为底面的圆心。

（3）指定底面半径或［直径（D）］<40.126 9>：30 ↙ 指定半径值"30"。

（4）指定高度或［两点（2P）/轴端点（A）/顶面半径（T）］<96.991 4>：100 ↙

指定高度值"100"，结果如图10-26所示。

★ 如果需要绘制的不是圆锥，而是圆台，使用的仍然是绘制圆锥命令。不同的是在出现以下提示时，应选择"顶面半径"选项，并给出顶面半径。

指定高度或［两点（2P）/轴端点（A）/顶面半径（T）］<96.991 4>：t ↙ 选择顶面半径选项。

指定顶面半径 <0.000 0>：10 ↙ 指定顶面半径。

指定高度或［两点（2P）/轴端点（A）］<100.000 0>：100 ↙ 指定高度，最终结果如图10-27所示。

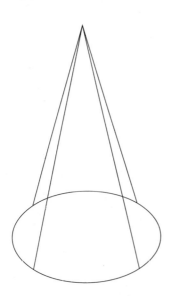

图10-26 圆锥体

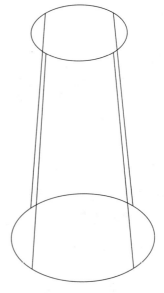

图10-27 圆台

4）绘制球体

绘制球体，输入命令的方式：

● 单击工具栏中的球体按钮 ◯ 球体 。

● 命令行输入：sphere ↙。

命令行提示：

指定中心点或 [三点 (3P) /两点 (2P) /相切、相切、半径 (T)]：

指定半径或 [直径 (D)] <30.000 0>：

球体的绘制较为简单，指定一点作为球体的中心，指定半径值"30"，绘制球体如图 10 -
28 所示。

5）绘制圆柱体

绘制球体，输入命令的方式：

● 单击【建模】工具栏中的圆柱体按钮 🗇 。

● 单击菜单栏中的【绘图】/【建模】/【圆柱体】。

● 命令行输入：cylinder ↙ （缩写 cyl）。

命令行提示：

指定底面的中心点或 [三点 (3P) /两点 (2P) /相切、相切、半径 (T) /椭圆 (E)]：

指定底面半径或 [直径 (D)] <30.000 0>：

指定高度或 [两点 (2P) /轴端点 (A)] <100.000 0>：

指定底面圆心，给出半径和高度即可绘制出圆柱体。如图 10 - 29 所示。

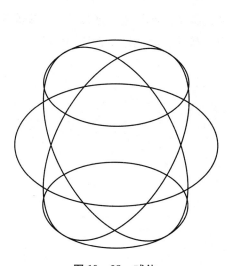

图 10 - 28 球体

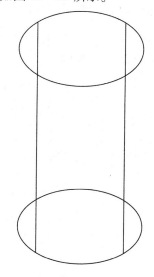

图 10 - 29 圆柱体

除此之外，AutoCAD 还提供了楔体、棱锥体、圆环体等常用的基本几何实体命令，读者
可自己进行操作。

掌握了基本几何实体的绘制，对于某些简单零件的三维造型就可以直接使用这些命令。

★ 圆柱体、圆锥体、楔体、棱锥面等有高度的实体，在创建过程中其高度方向总是平
行于 Z 轴，如果要创建高度方向不平行于 Z 轴的实体，则需要创建用户坐标系，该坐标系的
Z 轴要与需要绘制的实体高度方向平行。

★ 利用基本几何实体创建零件三维模型时往往还需要进行倒圆角、布尔运算等编辑操

作。这些编辑操作将在后续内容中进行讲解。

10.3.2 拉伸建模

拉伸是指的将二维对象沿指定的路径进行移动，并且在移动过程中将其移动的路径记录，最终形成三维实体或三维曲面的方法。拉伸是三维建模中最重要的方法之一。

拉伸的对象如果是面域或一条封闭的曲线（如使用圆、椭圆、多段线等绘制的一整条封闭的曲线），则生成的是实体，否则生成的是曲面。

执行拉伸命令时，输入命令的方式：

- 单击工具栏中的拉伸按钮 ⬛ 拉伸。

- 命令行输入：extrude ↙（缩写 ext）。

命令行提示：

命令：extrude

当前线框密度：　ISOLINES = 4，闭合轮廓创建模式 = 实体

选择要拉伸的对象或［模式（MO）］：找到 1 个

选择要拉伸的对象或［模式（MO）］：

指定拉伸的高度或［方向（D）/路径（P）/倾斜角（T）/表达式（E）］

下面将通过一系列的实例对拉伸步骤和拉伸过程中其他的选项进行讲解。步骤如下：

（1）以图 10 - 30a 标注尺寸绘制该图形的外轮廓线，绘制结果如图 10 - 30b。

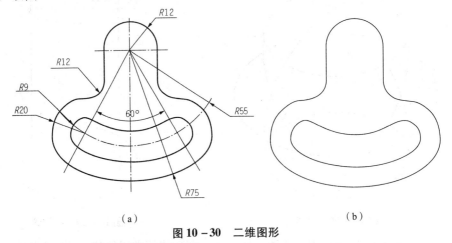

（a）　　　　　　　　　　　　　　（b）

图 10 - 30　二维图形

（2）利用面域命令，将所绘制的轮廓线生成面域。该操作会生成内外两个面域，再利用布尔运算求差，将内部面域减去，最终结果作为拉伸的对象。

（3）执行拉伸命令。

（4）选择要拉伸的对象：用鼠标选择刚才创建的面域，如图 10 - 31a 所示。

（5）选择要拉伸的对象：↙ 选择完成，按"Enter"键或鼠标右键。

（6）指定拉伸的高度或［方向（D）／路径（P）／倾斜角（T）］：50↙　鼠标向需要拉伸的方向移动，指定拉伸的高度值"50"，结果如图10－31b所示，该显示方式为"灰度"。

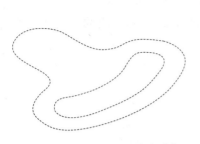

图 10－31a　选取要拉伸的对象 图 10－31b　拉伸结果

上例中系统默认的拉伸方向是与拉伸的二维对象垂直的，拉伸得到的实体是在二维对象的上方还是下方（左方还是右方）是由用户移动鼠标来确定的。

如果拉伸的方向不与二维对象垂直，如图10－32a所示，要求二维对象沿中间倾斜的直线拉伸，其操作步骤前5步都相同，到第6步时按如下操作：

指定拉伸的高度或［方向（D）／路径（P）／倾斜角（T）］：p↙　选择路径选项。

选择拉伸路径或［倾斜角（T）］：用鼠标选择倾斜的直线作为拉伸的路径，结果如图10－32b所示。

图 10－32a　有角度拉伸 图 10－32b　拉伸结果

如果拉伸的对象是圆、椭圆以及封闭的多段线等曲线，其拉伸的路径还可以是圆弧等曲线。如图10－33a所示，让一个整圆沿一段圆弧拉伸，其操作步骤与上例相同，结果如图10－33b所示。

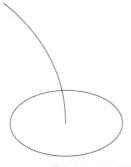

图 10－33a　拉伸圆弧路径 图 10－33b　拉伸结果

10.3.3　旋转建模

旋转建模是指的利用二维图形绕指定的旋转轴进行旋转，形成三维模型。旋转建模仅适用于回转体。与拉伸建模相同，旋转建模使用的二维对象如果是面域或一条封闭的曲线（如使用圆、椭圆、多段线等绘制的一整条封闭的曲线），则生成的是实体，否则生成的是曲面。

旋转建模输入命令的方式：

- 单击工具栏中的旋转按钮 🔘 旋转 。
- 命令行输入：revolve ✓ （缩写 rev）。

命令行提示：

当前线框密度：　ISOLINES = 4

选择要旋转的对象：找到 1 个

选择要旋转的对象：

指定轴起点或根据以下选项之一定义轴［对象（O）/X/Y/Z］＜对象＞：

指定轴端点：

指定旋转角度或［起点角度（ST）］＜352＞：

下面将通过一系列的实例对拉伸步骤和拉伸过程中其他的选项进行讲解，步骤如下：

（1）以图 10－34a 标注尺寸绘制该图形的外轮廓线，而其只需要绘制一半。绘制结果如图 10－34b 所示。

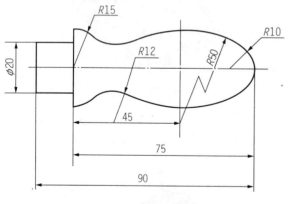

图 10－34a　外轮廓

图 10－34b　一半外轮廓

（2）利用面域命令，将所绘制的封闭曲线生成面域。

（3）执行旋转命令。

（4）选择要旋转的对象：用鼠标选择第 2 步创建的面域，如图 10－35a 所示。

（5）选择要旋转的对象：✓　选择完成，按"Enter"键或单击鼠标右键。

（6）指定轴起点或根据以下选项之一定义轴［对象（O）/X/Y/Z］＜对象＞：用鼠标

选择回转中心轴的第一个点，如图 10 -35b 所示。

（7）指定轴端点：用鼠标选择回转中心轴的第二个点，如图 10 -35c 所示。

（8）指定旋转角度或〔起点角度（ST）〕<352>：↙　直接按"Enter"键，使用默认的 360°，结果如图 10 -35d 所示。

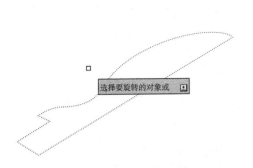

图 10 -35a　要旋转的对象

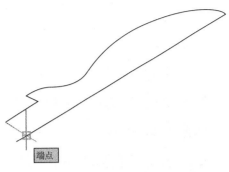

图 10 -35b　选取回转心轴第一点

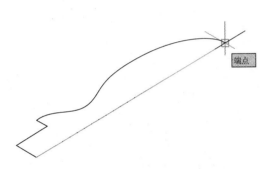

图 10 -35c　选取回转心轴第二点

图 10 -35d　旋转结果

旋转建模的关键在于正确绘制二维对象，正确指定旋转中心轴并给出旋转角度。同样的二维对象，如果选择的回转中心轴不同，结果也完全不同。如图 10 -36a 所示，采用上例的二维对象绕图中指定的回转轴作旋转，旋转角度为 180°，结果如图 10 -36b 所示。

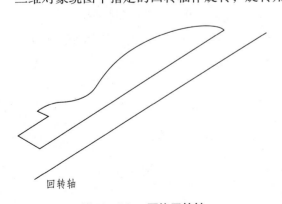

回转轴

图 10 -36a　更换回转轴

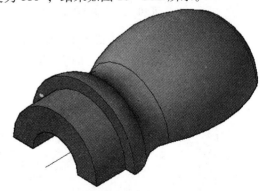

图 10 -36b　旋转结果

10.3.4　扫掠建模

扫掠建模可将二维轮廓沿二维或三维路径进行扫掠，形成实体或曲面。如果二维轮廓线是封闭的，则生成实体，否则将生成曲面。扫掠时，轮廓线在默认状态下会调整至与路径起点的切向方向垂直，轮廓中心与路径起始点对齐。用户也可根据需要自己调整对齐方式。

输入命令的方式：

- 单击工具栏中的扫掠按钮 。

- 命令行输入：sweep ↙。

命令行提示：

当前线框密度：　ISOLINES = 4

选择要扫掠的对象：找到 1 个

选择要扫掠的对象：

选择扫掠路径或［对齐（A）/基点（B）/比例（S）/扭曲（T）］：

现需绘制一把螺旋铣刀，如图 10-37 所示，操作步骤如下：

（1）按图 10-38a 所示尺寸，绘制铣刀的截面线框。注意不需要绘制中心线。并将该线框生成面域。

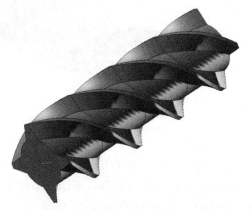

图 10-37　螺旋铣刀

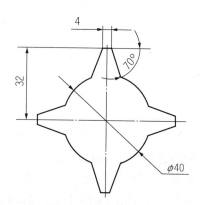

图 10-38a　截面线框

（2）绘制螺旋线，其底面和顶面半径均为 32，圈数为 1，高度为 200，中心与截面线中心重合，并且螺旋线的高度方向应与截面线所在平面垂直。如图 10-38b 所示。

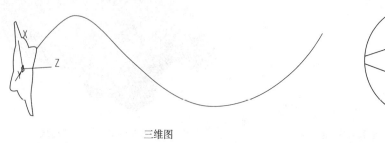

三维图

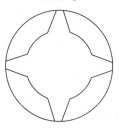

俯视图

图 10-38b　截面线框

（3）执行扫掠命令。

（4）选择要扫掠的对象：用鼠标选择截面线框，如图 10 - 38c 所示。

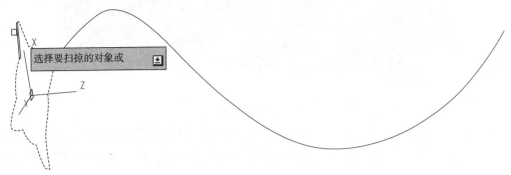

图 10 - 38c 选择截面线框

（5）选择要扫掠的对象：↙。选择完成，按"Enter"键或单击鼠标右键。

（6）选择扫掠路径或〔对齐（A）/基点（B）/比例（S）/扭曲（T）〕：a ↙ 选择"对齐"选项。

（7）扫掠前对齐垂直于路径的扫掠对象〔是（Y）/否（N）〕<是>：n ↙ 指定扫掠时不垂直。

（8）选择扫掠路径或〔对齐（A）/基点（B）/比例（S）/扭曲（T）〕：b ↙ 选择"基点"选项。

（9）指定基点：选择截面线上的该点为基点，如图 10 - 38d 所示。

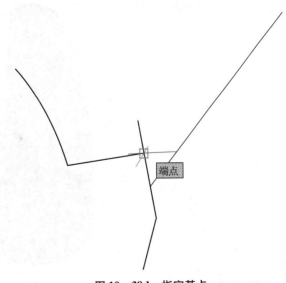

图 10 - 38d 指定基点

（10）选择扫掠路径或〔对齐（A）/基点（B）/比例（S）/扭曲（T）〕：选择螺旋线做路径，结果如图 10 - 38e 所示。

图 10 – 38e　扫掠结果

通过以上实例可以看出，扫掠建模的关键在于正确绘制截面图形和扫掠的路径。扫掠过程中截面图形的形状不会发生变化，但方位会随扫掠路径变化。如果路径是直线，那么此时扫掠与拉伸相同。

10.3.5　放样建模

放样建模可以对一组（两个或两个以上）平面轮廓曲线进行放样，若轮廓线是封闭的，则生成实体，否则生成曲面。在放样时，所使用的轮廓线必须全部是封闭或全部是开放的，不能混合使用。

放样建模时需要用到截面线、路径或者导向线。除截面线外只有一条曲线用于确定放样的路径时，该曲线称为路径，路径只能有一条，并且应当是平滑的，在某个方向上单调递增或递减，如图 10 – 39a 所示，图 10 – 39b 是放样的结果。如果有两条或两条以上的曲线来规定放样的路径，则将该曲线称为导向线，导向线可以不是单调的。

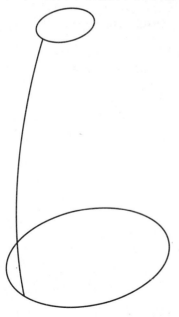

图 10 – 39a　放样所需曲线

图 10 – 39b　放样结果

输入命令的方式：

● 单击工具栏中的放样按钮 　。

放样

● 命令行输入：loft ↙。

命令行提示：

按放样次序选择横截面：找到 1 个

按放样次序选择横截面：找到 1 个，总计 2 个

按放样次序选择横截面：

输入选项［导向（G）/路径（P）/仅横截面（C）］＜仅横截面＞：

选择路径曲线：

采用放样的方法绘制图 10 - 40 所示的手柄，操作步骤如下：

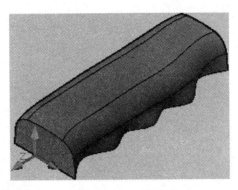

图 10 - 40　手柄

（1）如图 10 - 41a 所示，通过一系列点绘制两条样条曲线。

（2）构建用户坐标系，使 XOY 面垂直于第 1 步绘制的两条样条曲线所在平面，如图 10 - 41b 所示，在样条曲线的两端分别绘制两个截面线框，尺寸见图 10 - 41c 和图 10 - 41d。并生成面域。

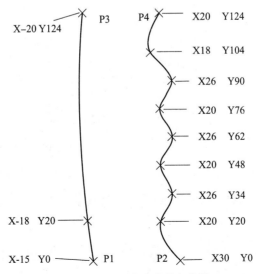

图 10 - 41a　过点生成样条曲线

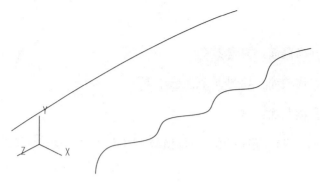

图 10 – 41b 构建用户坐标系

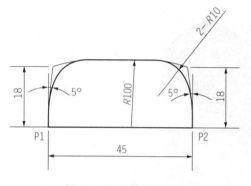

图 10 – 41c 截面线框 1

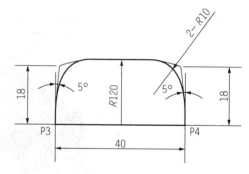

图 10 – 41d 截面线框 2

（3）执行放样命令。

（4）按放样次序选择横截面：找到 1 个　　　选择截面线框 1，如图 10 – 41e 所示。

（5）按放样次序选择横截面：找到 1 个，总计 2 个　　　选择截面线框 2，如图 10 – 41f 所示。

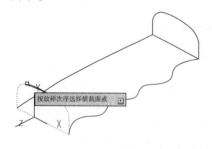

图 10 – 41e 选取横截面 1

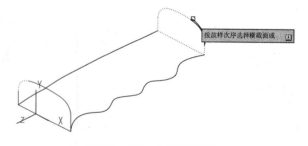

图 10 – 41f 选取横截面 2

（6）按放样次序选择横截面：✓　选择完成，按 "Enter" 键或者单击鼠标右键。

（7）输入选项 ［导向 （G）／路径 （P）／仅横截面 （C）］ ＜仅横截面＞：G ✓　选择导向选项。

（8）选择导向曲线：找到 1 个　　　选择导向线 1，如图 10 – 41g 所示。

（9）选择导向曲线：找到 1 个，总计 2 个　　　选择导向线 2，如图 10 – 41h 所示。

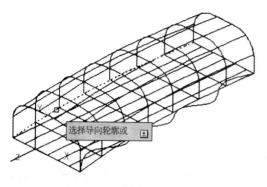

图 10 - 41g　选取导向曲线 1

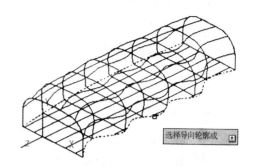

图 10 - 41h　选取导向曲线 2

（10）选择导向曲线：✓　选择完成，按"Enter"键或者单击鼠标右键，结果如图 10 - 41i所示。

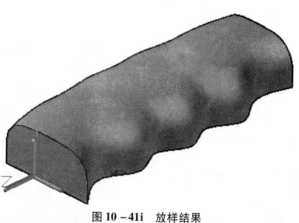

图 10 - 41i　放样结果

10.3.6　编辑三维实体

前面介绍了 AutoCAD 常用的三维造型方法，但是仅仅只掌握这些造型的方法是不够的。在实际应用当中，一个零件的三维模型往往不是一次操作就能创建好的，还需要对三维实体进行移动、旋转、阵列、镜像等编辑操作，还要对实体进行并、减、交等布尔运算，这样才能快速、高效地创建出所需的三维实体。

1）三维移动

三维建模过程中可使用移动（move）命令对三维实体进行移动，操作方式与二维绘图是一样的。最常用的方法是选中要移动的对象后，单击右键，通过快捷菜单选择移动命令。不同的是在输入移动距离时要考虑对象在 X、Y、Z 三个方向的移动量。

此外，AutoCAD 还提供了专门用在三维空间当中移动对象的命令三维移动（3dmovd），该命令除了移动实体之外，还能移动实体的面、边、顶点等子特征。对于子特征，要按下"Ctrl"键才能选中。三维移动的操作方式与二维移动的操作大体相同。

输入命令的方式：

● 单击工具栏中的三维移动按钮 ⊕ 。

- 单击菜单栏中的【修改】/【三维操作】/【三维移动】。
- 命令行输入：3dmove ↙。

命令行提示：

选择对象:找到 1 个

选择对象:

指定基点或 [位移（D）] <位移>:指定第二个点或 <使用第一个点作为位移>:

因为移动实体的操作比较简单，与二维移动相同，此处不再赘述。

现利用三维移动来移动实体的子特征。如图 10-42a 所示的长方体，现需要将其顶面的一条边往上移动 20 mm，使顶面倾斜，结果如图 10-42b 所示。此时就要用到三维移动命令。操作步骤如下：

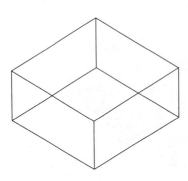

图 10-42a　长方体

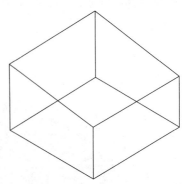

图 10-42b　三维移动后

（1）执行三维移动命令。

（2）选择对象:按住键盘上的"Ctrl"键，用鼠标选择要移动的边，如图 10-43a 所示。

（3）选择对象:↙　选择完成，按"Enter"键或单击鼠标右键。

（4）指定基点或 [位移（D）] <位移>:选择基点，如图 10-43b 所示。

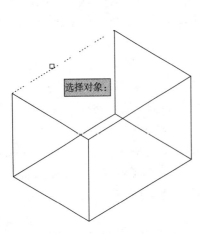

图 10-43a　选择对象

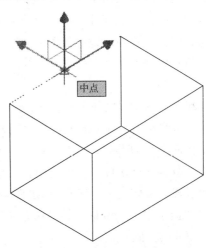

图 10-43b 指定基点

（5）指定第二个点或 ＜使用第一个点作为位移＞：@ 20 ＜90 ↙　采用相对极坐标指定移动的距离和方向，如图 10 – 43c 所示，结果如图 10 – 42b 所示。

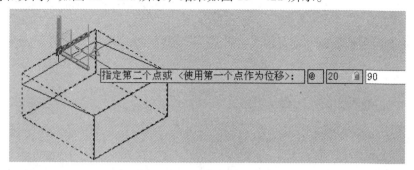

图 10 – 43c　指定第 2 个点

2）三维旋转

二维旋转命令（rotate）只能使对象在 XOY 面内旋转，即绕平行于 Z 轴的线旋转。三维旋转（3drotate 和 rotate3d）能使对象绕空间指定的任意轴线进行旋转，此外，rotate3d 命令还可以只旋转实体上的表面，此时选择旋转对象需要按下 "Ctrl" 键。角度正负符合右手螺旋法则。

输入命令的方式：

- 单击工具栏中的三维移动按钮 ⊕ 。
- 单击菜单栏中的【修改】／【三维操作】／【三维旋转】。
- 命令行输入：3drotate ↙ 。

命令行提示：

UCS 当前的正角方向：ANGDIR = 逆时针　ANGBASE = 0

选择对象：找到 1 个

选择对象：

指定基点：

拾取旋转轴：

指定角的起点或键入角度：

如图 10 – 44a 所示的长方体，现需要将它绕一条边旋转 30°，结果如图 10 – 44b 所示，其操作步骤如下：

（1）执行三维旋转命名。

（2）选择对象：选中要旋转的实体，如图 10 – 45a 所示。

（3）选择对象：↙　选择完成，按 "Enter" 键或者单击鼠标右键。

（4）指定基点：选择旋转轴线上的一点作为基点。如图 10 – 45b 所示。此时光标显示为一彩色坐标系，红、绿、蓝色的圆圈分别代表垂直于 X、Y、Z 轴的平面。

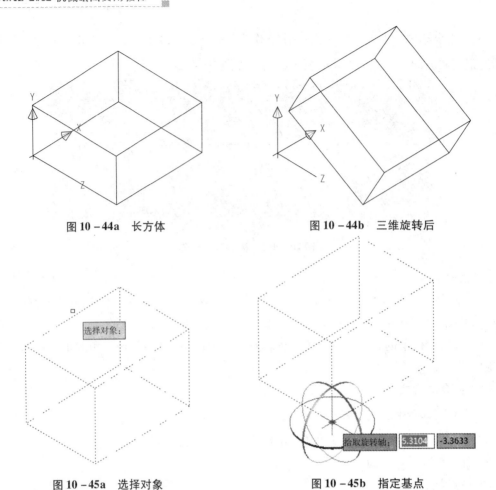

图 10 - 44a　长方体　　　　　　　　　　图 10 - 44b　三维旋转后

图 10 - 45a　选择对象　　　　　　　　　图 10 - 45b　指定基点

（5）拾取旋转轴：移动鼠标至红色的圆圈上，该圆圈变成黄色，此时会出现过基点平行于 X 轴的一根轴线，如图 10 - 45c 所示，单击左键确定。

（6）指定角的起点或键入角度：30 ↙　指定角度，结果如图 10 - 44b 所示。

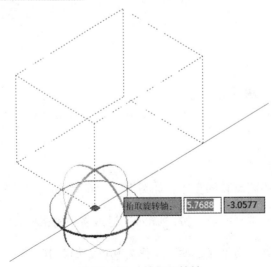

图 10 - 45c　拾取旋转轴

10.4　布尔运算

掌握了三维造型常用的方法和对三维实体进行编辑的方法后，下面介绍如何将简单的实体组合在一起，通过布尔运算构成复杂的零件模型。

布尔运算分为三种：并集、差集和交集。下面分别介绍。

10.4.1　并集

并集运算是指将两个或多个实体合并在一起，形成一个新的单一的实体。

输入命令的方式：

- 单击工具栏中的并集按钮 ⬤。
- 命令行输入：union ↙ （缩写 uni）。

命令行提示：

命令：_ union

选择对象：

如图 10 - 46a 所示，创建了一个长方体和球体，球体的球心位于长方体的一个顶点上。对这两个实体进行并集运算的操作步骤如下：

（1）执行并集命令。

（2）选择对象：找到 1 个　　　选择其中一个实体，如图 10 - 46b 所示。

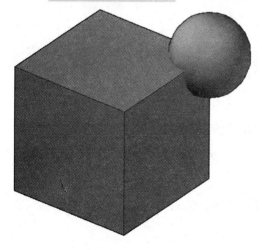

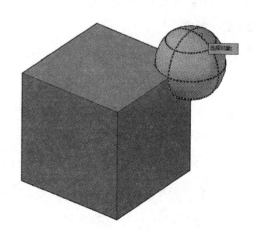

图 10 - 46a　并集运算前　　　　　　图 10 - 46b　选择对象

（3）选择对象：找到 1 个，总计 2 个　　　选择另一个实体，如图 10 - 46c 所示。

（4）选择对象：↙　选择完成，按"Enter"键或者单击鼠标右键，结果如图 10 - 46d 所示。

★ 作并集运算时选择对象的顺序可以交换。

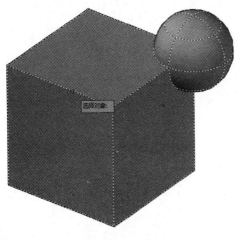

图 10 – 46c　选择对象

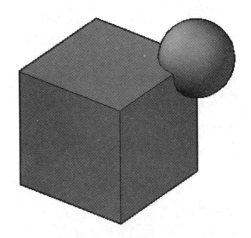

图 10 – 46d　并集运算结果

10.4.2　差集

差集运算是指将一个或多个实体从另外的实体上减去。在三维造型过程中，一些孔、腔体、槽等特征就是通过差集运算得到的。

输入命令的方式：

● 单击工具栏中的差集按钮 ◫。

● 命令行输入：subtract ↙（缩写 su）。

命令行提示：

选择要从中减去的实体或面域…

选择对象：

选择要减去的实体或面域…

选择对象：

利用图 10 – 46a 所示的长方体和球体作差集运算的步骤如下：

（1）执行差集命令。

（2）选择要从中减去的实体或面域…

　　选择对象：选择被减实体（类似于减法中的被减数），如图 10 – 47a 所示。

（3）选择对象：↙　选择完成，按"Enter"键或者单击鼠标右键。

（4）选择要减去的实体或面域…

　　选择对象：选择要减去的实体（类似于减法中减数），如图 10 – 47b 所示。

（5）选择对象：↙　选择完成，按"Enter"键或者单击鼠标右键，结果如图 10 – 47c 所示。

　　★ 如果选择顺序相反，则最终结果如图 10 – 47d 所示。

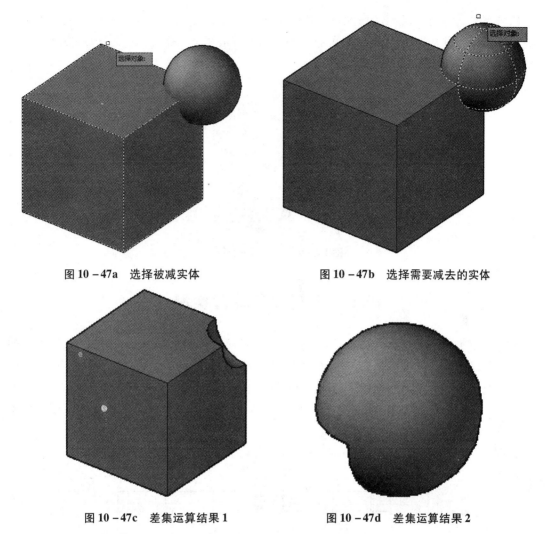

图 10 - 47a 选择被减实体

图 10 - 47b 选择需要减去的实体

图 10 - 47c 差集运算结果 1

图 10 - 47d 差集运算结果 2

★ 进行减集运算时一定要注意选择的顺序，如果顺序选反了，其结果会完全不同。

★ 进行减集运算的实体之间必须要有公共部分，如果没有，则减集运算没有任何意义。

10.4.3 交集

交集运算可创建由两个或两个以上实体的重叠部分构成的新的实体，即实体的公共部分。因此进行交集运算的实体必须要有重叠部分，否则交集运算无法完成。

输入命令的方式：

- 单击工具栏中的交集按钮 ⓪ 。
- 命令行输入：intersect（in）↙。

命令行提示：

命令：_ intersect

选择对象：

选择对象：

执行交集运算命令后，选择进行运算的两个或两个以上实体，最后确定（按"Enter"键或单击鼠标右键）即可。图 10 – 48 是图 10 – 46a 所示两个实体进行交集运算的结果。

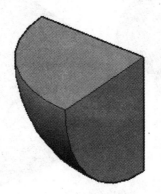

图 10 – 48   交集运算结果

10.5   三维建模综合实例

前面介绍了三维实体建模和编辑的方法。本节将通过一个实例来讲解在实际应用中如何综合运用三维建模和三维编辑来创建复杂零件的三维模型。

对于复杂零件的造型，一般思路是：分解（将零件分解成若干简单的实体）→造型（对每一部分利用三维造型和编辑的方法进行造型）→布尔运算。具体的操作则需要根据不同零件的特点来灵活运用。

如图 10 – 49 所示，现需使用 AutoCAD 创建该零件的三维模型，操作步骤如下：

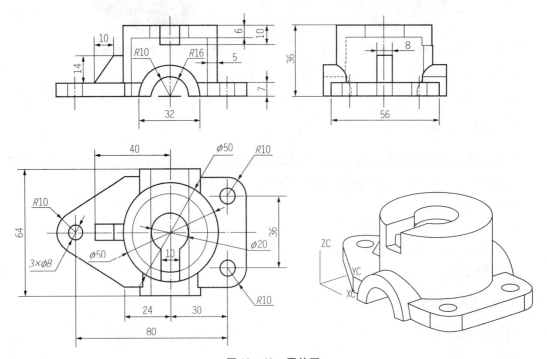

图 10 – 49   零件图

（1）分析零件图并确定造型的思路。

①首先忽略零件上所有的孔和槽。将零件分解为 4 个部分：底板，半圆柱，大的圆柱体和筋板；

②分别创建上述 4 部分的三维实体模型，并调整至正确的位置；

③将这 4 部分进行并集运算；

④在有孔的位置创建对应的圆柱体，在有槽的位置拉伸出与槽大小一致的实体，并与上步并集运算得到的实体做减集运算。

（2）根据图中尺寸绘制底板的轮廓形状，并将之创建为面域。如图 10 - 50a 所示。并绘制出中心线作为辅助线。

（3）执行拉伸命令，选择上步创建的面域，沿垂直方向拉伸，高度为 7。如图 10 - 50b 所示。

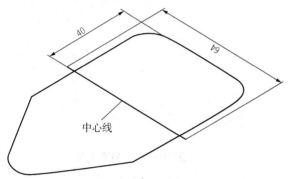

图 10 - 50a　底板轮廓形状

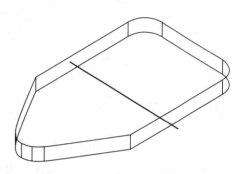

图 10 - 50b　拉伸底板

（4）选择菜单【工具】／【新建 UCS】／【原点】，命令行提示为：

命令：_ ucs

当前 UCS 名称：＊没有名称＊

指定 UCS 的原点或 ［面（F）／命名（NA）／对象（OB）／上一个（P）／视图（V）／

世界（W）／X/Y/Z/Z 轴（ZA）］＜世界＞：_ o

指定新原点 ＜0，0，0＞：捕捉图 10 - 50c 所示点作为新的原点。结果如图 10 - 50d 所示。

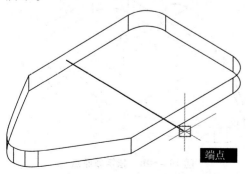

图 10 - 50c　指定新原点

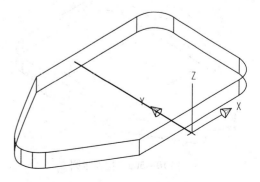

图 10 - 50d　新的坐标系

（5）选择菜单【工具】/【新建 UCS】/【X】，命令行提示为：

命令：_ ucs

当前 UCS 名称：＊没有名称＊

指定 UCS 的原点或 ［面（F）/命名（NA）/对象（OB）/上一个（P）/视图（V）/

世界（W）/X/Y/Z/Z 轴（ZA）]＜世界＞：_ x

指定绕 X 轴的旋转角度 ＜90＞：↙　将坐标系绕 X 轴旋转90°，结果如图 10 - 50e 所示。

（6）以当前 UCS 的原点为圆心，绘制半径为 16 的半圆并将其封口，然后再创建面域，如图 10 - 50f 所示。

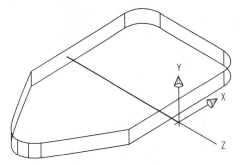

图 10 - 50e　旋转坐标系

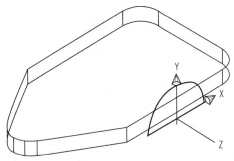

图 10 - 50f　绘制半圆

（7）执行拉伸命令，将上步创建的面域向内拉伸 52，如图 10 - 50g 所示。

（8）选择菜单【工具】/【新建 UCS】/【原点】，命令行提示：

命令：_ ucs

当前 UCS 名称：＊没有名称＊

指定 UCS 的原点或 ［面（F）/命名（NA）/对象（OB）/上一个（P）/视图（V）/

世界（W）/X/Y/Z/Z 轴（ZA）]＜世界＞：_ o

指定新原点 ＜0，0，0＞：0，0，- 28 ↙　将用户坐标系原点移动到零件内部，如图 10 - 50h 所示。

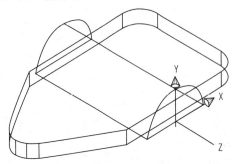

图 10 - 50g　拉伸半圆

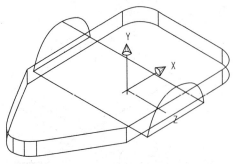

图 10 - 50h　指定新原点

（9）绘制筋板的外形，为了保证筋板能与竖直的大圆柱充分接触，筋板的轮廓线应向右延长，如图 10 - 50i 所示，筋板的右侧轮廓线移动至竖直方向圆柱的中心位置，将该轮廓线创建为面域。

（10）将上步创建的面域向后拉伸 8 mm，如图 10 - 50j 所示。

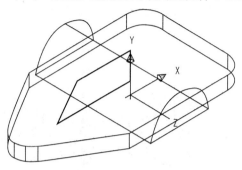

图 10 - 50i　绘制筋板外形

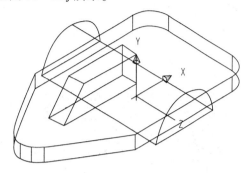

图 10 - 50j　拉伸筋板

（11）选择菜单【工具】/【新建 UCS】/【X】，将坐标系绕 X 轴旋转 - 90°。如图 10 - 50k 所示。

（12）执行绘制圆柱体命令，选择图 10 - 50l 所示的点作为圆心，绘制半径为 25，高度为 29 的圆柱体。如图 10 - 50m 所示。

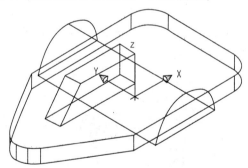

图 10 - 50k　旋转坐标系

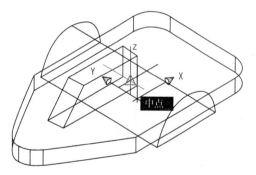

图 10 - 50l　选择圆柱体底面圆心

（13）执行并集命令，选择以上步骤创建的 4 个实体，将它们合并为单一实体。结果如图 10 - 50n 所示。

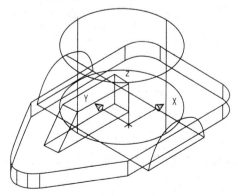

图 10 - 50m　绘制圆柱体

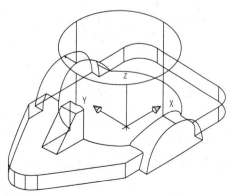

图 10 - 50n　并集运算结果

（14）在需要孔的位置分别创建对应大小的圆柱体，如图 10 – 50o 所示。

（15）执行差集命令，将上步创建的圆柱体从实体上减去。结果消隐显示如图 10 – 50p 所示。

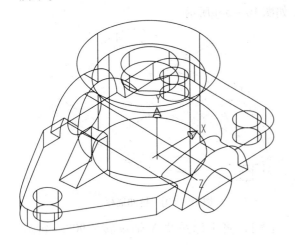

图 10 – 50o　创建与孔径相等的圆柱体

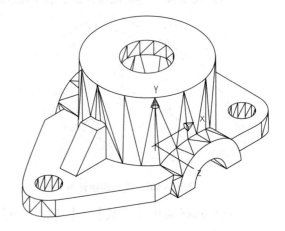

图 10 – 50p　差集运算结果

（16）选择菜单【工具】／【新建 UCS】／【原点】，将坐标系原点移动到顶面圆心，如图 10 – 50q 所示。

（17）在当前 XOY 面上绘制图 10 – 50r 所示的矩形，注意位置要正确，并将其创建为面域。

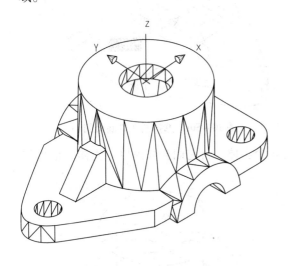

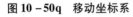

图 10 – 50q　移动坐标系

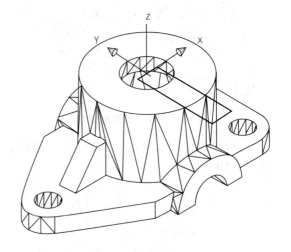

图 10 – 50r　绘制矩形

（18）向下拉伸上步创建的面域，拉伸距离为 10。结果如图 10 – 50s 所示。

（19）采用差集运算，将上步的拉伸体减去。最终结果如图 10 – 50t 所示。

至此，该零件的三维模型创建完成，用户可根据需要改变其显示的方式和效果，也可进行渲染。

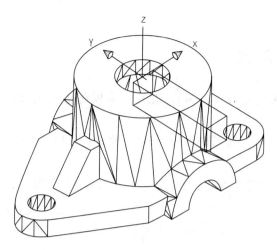

图 10 - 50s　拉伸矩形

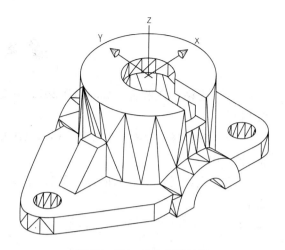

图 10 - 50t　差集运算结果

参 考 文 献

［1］张彬，汪胜莲．AutoCAD 2012 中文版实用教程［M］．北京：人民邮电出版社，2014．

［2］李善锋，姜勇，王贺龙．AutoCAD 2012 中文版基础教程［M］．北京：人民邮电出版社，2012．

［3］程绪琦，等．AutoCAD 2012 中文版标准教程［M］．北京：电子工业出版社，2012．